Fertigung und Betrieb
Fachbücher für Praxis und Studium
Herausgeber: H. Determann und W. Malmberg
Band 5

Pristl · Franke

Arbeitsvorbereitung I

Betriebswirtschaftliche Vorüberlegungen,
werkstoff- und
fertigungstechnische Planungen

Neu bearbeitet von W. Franke

Springer-Verlag
Berlin · Heidelberg · New York 1975

Herausgeber der Reihe:
Dr.-Ing. Hermann Determann, Hamburg
Dipl.-Ing. Werner Malmberg, Hamburg

Autor dieses Bandes:
Oberingenieur Wilhelm Franke, Hamburg

Mit 86 Bildern

Neubearbeitung des in vier Auflagen erschienenen früheren
„Werkstattbuches" 99, Pristl, F.: Arbeitsvorbereitung, I. Teil.

ISBN-13: 978-3-540-06611-8   e-ISBN-13: 978-3-642-80806-7
DOI: 10.1007/978-3-642-80806-7

Zu dieser Fachbuchreihe

In den letzten beiden Jahrzehnten hat sich die Fertigungstechnik schnell und vielseitig weiterentwickelt. Moderne Fertigungsverfahren haben entscheidend dazu beigetragen, daß selbst hochwertige Wirtschaftsgüter kostengünstig hergestellt werden können und damit für breite Käuferschichten erreichbar sind.

Die Fachbücher „Fertigung und Betrieb" führen die bis 1973 erschienenen „Werkstattbücher" in neuer, moderner Konzeption fort. Sie tragen der Tatsache Rechnung, daß sich Maschinen, Werkzeuge und Vorrichtungen zu immer leistungsfähigeren und vielfältiger einsetzbaren Bausteinen innerhalb umfassender und anpassungsfähiger Produktionssysteme für wechselnde Losgrößen entwickelt haben.

Die Schwerpunkte der neuen Reihe orientieren sich an den gewandelten Bedürfnissen in Beruf und Studium. Die Darstellungen sind kurzgefaßt, ohne große Vorkenntnisse verständlich und betont praxisnah. Sie enthalten auch stets Hinweise für ein vertiefendes Weiterstudium.

Hamburg, Januar 1975 **H. Determann · W. Malmberg**

Zu diesem Band

Die Arbeitsvorbereitung befaßt sich mit allem, was vor Beginn der eigentlichen Fertigung geplant und, um einen reibungslosen Ablauf zu sichern, während der Arbeit gesteuert und überwacht werden muß. Nicht zuletzt von einer guten Arbeitsvorbereitung hängt es also ab, ob ein Unternehmen rentabel produzieren und konkurrenzfähig anbieten kann, ob also die Arbeitsplätze der Belegschaft sicher sind.

Im Rahmen dieser Aufgabenstellung wird in „Arbeitsvorbereitung I" zunächst die betriebliche Wirtschaftsplanung erläutert, also von mehr kaufmännischem Denken und finanziellen Überlegungen ausgegangen. Auch wenn diese Bereiche nicht unmittelbar zum Aufgabengebiet der Arbeitsvorbereitung gehören, sondern Geschäftsleitungsfragen betreffen, sind sie hier wichtige Voraussetzungen, unter denen alle Planungsvorgänge erst wirtschaftlich in die Praxis umgesetzt werden können. In der Hauptsache wird dann die Produktionsplanung behandelt, alle einmalig zu treffenden Maßnahmen, die sich auf die Gestaltung des Erzeugnisses („was"), die Fertigungsvorbereitung („wie"), die Planung und Bereitstellung der Betriebsmittel („womit") beziehen und in der Regel mit der Freigabe der Fertigung schließen.

Der Inhalt der „Arbeitsvorbereitung II" umfaßt wirtschaftliche Überlegungen für einen erfolgreichen Einsatz des Menschen im Fertigungsgang und für eine effektive Abstimmung aller Mittel und Kräfte eines Betriebes durch eine zweckmäßige Fertigungssteuerung.

Im Rahmen beider Bände ist es unmöglich, alle Fragen der Arbeitsvorbereitung erschöpfend zu behandeln. Die Darstellungen mögen eine wertvolle Hilfe und ein Wegweiser für selbständige Weiterbildung sein. Die Neubearbeitung des vorher von Herrn F. Pristl (gest. 15. Jan. 1967) verfaßten Inhalts wurde unter Berücksichtigung der REFA-Methodenlehre des Arbeitsstudiums vorgenommen.

Hamburg, Januar 1975 **W. Franke**

Inhaltsverzeichnis

1. Betriebliche Wirtschaftsplanung 1

   1.1. Wirtschaftsplanung 1
      1.1.1. Gesamtwirtschaftsplan 1
      1.1.2. Teilwirtschaftspläne............................ 2

   1.2. Absatzplanung.................................... 2
      1.2.1. Der Verkaufsplan 3
      1.2.2. Der Vertriebsaufwandsplan 6

   1.3. Produktionsprogramm-Planung 7
      1.3.1. Der Durchführungsplan 7
      1.3.2. Der Einkaufsplan 10
      1.3.3. Der Aufwandsplan.............................. 11

   1.4. Investitionsplanung 11
      1.4.1. Zeitlicher Nutzungsgrad der Anlagen 12
      1.4.2. Rentabilität 12
      1.4.3. Wirtschaftlichkeit 13

   1.5. Finanzplanung.................................... 14
      1.5.1. Ausgaben 14
      1.5.2. Einnahmen 15
      1.5.3. Überschuß oder Fehlbeträge 15

2. Produktionsplanung.................................... 17

   2.1. Arbeitsparende Gestaltung der Erzeugnisse 17
      2.1.1. Vereinheitlichung der Konstruktionsteile 18
      2.1.2. Sonstige Gestaltungsvorschriften.................. 20
      2.1.3. Zeichnungssystem, Sachnummerung, Konstruktions- und
             Fertigungsstückliste................................ 24

   2.2. Wirtschaftlicher Stoffeinsatz 26
      2.2.1. Werkstoffkennzeichnung (Materialschlüssel) 29
      2.2.2. Beschränkung der Stoffarten und Abmessungen 30
      2.2.3. Materialfestlegung für das Einzelteil 31

2.2.4. Vermeidung von Verschnitt 33
2.2.5. Rohteil-, Halbzeug- und Normteilliste für Aufträge 36
2.3. Fertigungs- und Verfahrenstechnik 36
2.3.1. Industrielle Produktionstechnik 38
2.3.2. Fertigungsaufgabe 39
2.3.3. Maschinelle Einrichtungen 46
2.3.4. Wirtschaftlicher Maschineneinsatz 47
2.3.5. Herabsetzung der Rüstgrundzeit (Nebennutzung) 48
2.3.6. Herabsetzung der Grundzeit (Hauptnutzung).......... 50
2.3.7. Herabsetzung der Grundzeit (Nebennutzung) 59
2.3.8. Arbeitsgestaltung 66
2.4. Fertigungsarten 66
2.4.1. Einzelfertigung 66
2.4.2. Serienfertigung 66
2.4.3. Massenfertigung und Fließarbeit 69
2.5. Technisches Prüfwesen 79
2.5.1. Mengen- und Güteprüfung allgemein 80
2.5.2. Hundertprozentige Prüfung 81
2.5.3. Stichprobenprüfung 81
2.5.4. Prüfmittel 82
2.6. Materialfluß und Förderwesen............................ 85
2.6.1. Transportorganisation 85
2.6.2. Fördermittel 88

Literaturverzeichnis 92

Sachverzeichnis 96

1. Betriebliche Wirtschaftsplanung [1]

1.1. Wirtschaftsplanung

1.1.1. Gesamtwirtschaftsplan. Der Wirtschaftsplan eines Unternehmens legt fest, nach welchen Gesichtspunkten betriebswirtschaftlicher und technischer Art in Zukunft verfahren werden soll. Das Ziel ist die Produktion von Gütern guter Qualität zu angemessenen Preisen, so daß ein entsprechender Marktanteil erreicht oder gehalten werden kann. Dabei muß das Unternehmen Renditen erwirtschaften und darf nicht in die Verlustzone geraten.

In der freien Markt- und Unternehmerwirtschaft sind die Produktionsmittel Privateigentum. Dem Unternehmer, dem Vorstand einer Aktiengesellschaft oder dem Geschäftsführer einer anderen Unternehmensgesellschaft obliegt es, die Produktionsfaktoren so einsetzen zu lassen, daß sich das Unternehmen langfristig gegenüber Konkurrenzunternehmen behaupten kann. Durch eine entsprechende Marktforschung sind Verbraucherwünsche zu ermitteln. Darauf ist die Produktion der Erzeugnisse abzustellen. Aufwand und Ergebnis müssen in einem vernünftigen Verhältnis zueinander stehen, weil nur dann ein Unternehmen in der freien Marktwirtschaft bestehen kann. Die Führung eines Unternehmens erfordert unter diesen Bedingungen Vorausschau künftiger weltwirtschaftlicher, volkswirtschaftlicher und technischer Entwicklungen sowie Wagemut, Entscheidungsfreudigkeit und die Sicherstellung finanzieller, personeller und technischer Anforderungen.

Bei der zweiten Art, Erzeugung und Verbrauch in Übereinstimmung zu bringen, der zentral gelenkten Planwirtschaft — die meist mit der sogenannten Vergesellschaftung der Produktionsmittel (Staatsbetriebe) einhergeht — bestimmt ein Einzelner, eine Gruppe oder eine Zentrale die Art und Menge der Produktion im ganzen Staate und damit auch den Grad der Erfüllungsmöglichkeit der Bedürfnisse des Volkes. In diesem Falle liegen den Planungen der Betriebe die Sollzahlen des zuständigen Planungsamtes zugrunde.

Jede Planung setzt reale, technisch durchführbare, fabrikationsreife Verfahren (Produkte oder Dienstleistungen) voraus, wobei man von der Mengenleistung aus über den langfristig erwarteten Umsatz zur finanziellen Seite des Fragenkreises kommt. Hier werden die Höhe der benötigten Mittel (einschließlich Forschungs- und Entwicklungskosten), die Etappen der Bereitstellung und die betrieblich-kaufmännische Wirtschaftlichkeit festgestellt. Darüber hinaus ermöglicht der Wirtschaftsplan, aber auch die Kontrolle, ob das darin bestimmte Soll mit dem erzielten Ist übereinstimmt, und schafft durch die Auswertung eine wichtige Erfahrungs- und Erkenntnisquelle praktischen Wirtschaftens.

1.1.2. Teilwirtschaftspläne. Die Aufgliederung des Gesamtwirtschaftsplans in Teilwirtschaftspläne zeigt Tabelle 1.1.

Tabelle 1.1. Wirtschaftsplan

A. Absatzplan
   Verkaufsplan: Legt abzusetzende Erzeugnisse aufgrund von Produkt- und Marktforschung nach Menge, Art, Absatzgebiet bzw. Absatzweg und Termin fest. Der Umsatzplan stellt Mengen und Termine den Preisen gegenüber. Der Lagerplan legt jeweilige Lagermengen an Halb- und Fertigfabrikaten fest. Der Werbeplan bestimmt Mittel, Zeit und Aufwand der Werbung.
   Vertriebsaufwandsplan: Gliedert Aufwand nach Verkauf und Versand, nach Erzeugnisgruppen und Verkaufsgebieten.

B. Produktionsprogrammplan
   Durchführungsplan: Klärt Losgrößen der Fertigung, Bereitstellung von Menschen, Maschinen und Material.
   Einkaufsplan: Legt die günstigsten Bedingungen für Beschaffung von Material nach Preis, Menge, Lieferant und Termin fest.
   Aufwandsplan: Ist nach Kostenarten und Kostenstellen sowie festem und proportionalem Aufwand gegliedert.

C. Investitionsplan
   Stellt Notwendigkeit, Möglichkeit und Einkaufsplan der Anlagegegenstände dar.

D. Finanzplan
   Zeigt, wieviel Eigen- oder Fremdmittel vor und nach der Planperiode zur Verfügung stehen bzw. kurz-, mittel- oder langfristig beschafft werden müssen.

In der Regel geht man vom Absatz als Primärplan aus. An seine Stelle tritt der Finanzplan, wenn zur Finanzierung des möglichen Absatzes nicht genügend Mittel vorhanden sind. Der Produktionsprogrammplan bildet die Grundlage, wenn die Absatzmöglichkeit größer als die Erzeugnisfähigkeit ist. Schließlich muß man auf dem Einkaufsplan aufbauen, wenn die Rohstoffe für den erzielbaren Absatz nicht beschafft werden können. Die Länge der Planperiode hängt von der Übersehbarkeit der Zukunft ab; meist entspricht sie dem Geschäftsjahr, von dem ausgehend Teilpläne über kleinere Zeitabschnitte aufgestellt werden.

1.2. Absatzplanung [2]

Der Vertrieb entwickelt anhand eines vorhandenen Sortimentes (Gesamtheit der verschiedenen Erzeugnisse, die ein Betrieb auf dem Markt anbietet) oder nur aufgrund von Marktforschung einen Verkaufsplan neuer Erzeugnisse nach Menge, Termin und Preisgrenzen, innerhalb welcher die Produkte abzusetzen sind.

1.2.1. Der Verkaufsplan muß rechtzeitig vor Beginn eines jeden Geschäftsjahres neu aufgestellt werden; er ist Ausgangspunkt der angestrebten Geschäftsentwicklung. Ausgegangen wird meist vom bisherigen Umsatz. Der Verkaufsplan soll jedoch vornehmlich zukunftsorientiert sein, wobei im Rahmen des sog. Marketing der Vertrieb (Bild 1.1) Marktlücken und neue Märkte feststellen soll.

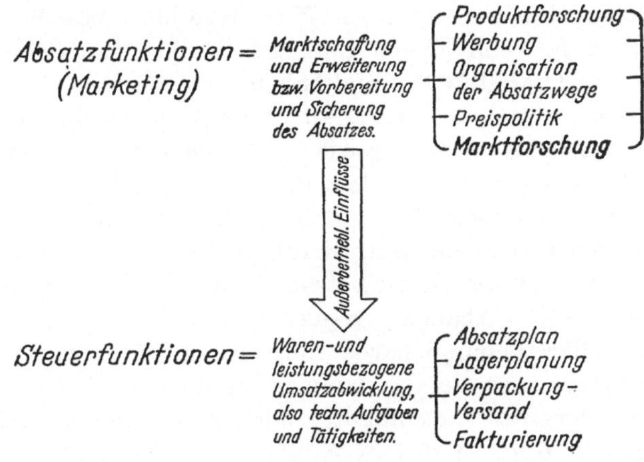

Bild 1.1. Aufgaben des Vertriebes nach Absatz- und Steuerfunktionen

Folgende Mittel stehen im Absatzbereich eines Unternehmens zur Verfügung, auf wirtschaftliche Geschehnisse (Konjunktur, Saisoneinflüsse, strukturelle Wandlungen), aber auch nichtwirtschaftliche (staatliche Eingriffe, politische Ereignisse, Katastrophen) teilweise mitbestimmend einzuwirken:

a) Die Produktforschung zur Ermittlung der Anforderungen der bisherigen oder noch zu gewinnenden Käufer an das eigene und vielleicht auch an das Konkurrenzfabrikat, hinsichtlich Gebrauchs- und Zusatznutzen (z. B. Prestigebesitz bei Konsum- und Luxusware). Dabei spielt der sog. Lebenszyklus des Produktes — ,,Entwicklung zur Marktreife, Aufstieg am Markt, Höhepunkt der Absatzfähigkeit, Abnahme und Ausscheiden aus dem Markt" — infolge der Weiterentwicklung der Wissenschaften und Technik oder Änderung des Geschmackes oder der Lebensgewohnheiten ein wesentliche Rolle.

b) Der Werbeplan, mit dessen Hilfe der Unternehmer im Sinne der Marktschaffung oder -erhaltung (Ausgleich von Saisonschwankungen usw.) auf den Markt Einfluß nimmt, legt Werbemittel in Bild und Wort (Anzeigen, Prospekte, Werbebriefe, Ausstellungen, Fernsehen, persönliche Werbung) fest. Zu beachten bleibt die Werbung für die große

Fertigungsstückzahl, auch in der Maschinen- und Metallindustrie, durch Propagierung bestimmter Auswahltypen.

c) Die Organisation der Absatzwege, mit denen der Betrieb in den Markt hineinreicht, ist ein weiteres Mittel zur Ausweitung des Absatzes: Handelsvertreter, Reisende, Handelsbetriebe, Versandgeschäfte usw.

d) Preisstellung. Der Preis der Erzeugnisse entsteht als Ergebnis der Kostendeckungsrechnung. Angebot und Nachfrage am Markt beeinflussen die Preisstellung. Der Mangel an Ware zieht die Preise nach oben, ein Überangebot drückt auf die Preise. Der Unternehmer trägt also neben der betrieblichen auch eine erhebliche Verantwortung in volkswirtschaftlicher Hinsicht, wenn die Marktlage ein ausgeglichenes Bild ergeben soll, d. h. wenn eine der wirtschaftlichen Entwicklung angemessene Geldwertstabilität Bestand haben soll.

e) Die Marktforschung als verfeinerte Marktbeobachtung ist heute für ein Unternehmen ebenso wichtig wie die Beobachtung des internen Betriebsgeschehens und schafft zudem die Voraussetzungen, den Einsatz der verschiedenen Absatzmittel zu verstärken. Sie beruht auf mündlicher, schriftlicher, telephonischer Befragung (Primärerhebung), Sammlung vorhandenen Materials, Umsatzstatistik nach Artikelgruppen und Vertreterbereichen, Verbands-, Bank- und Konjunkturforschungsberichten (Sekundärerhebung) sowie sonstigen Beobachtungen. Größen, die die Marktlage besonders bestimmen, sind noch die Bevölkerungsanalyse, besonders für Konsumgüter oder Produktionsmittel zu ihrer Herstellung, die Analyse des Je-Kopf-Verbrauches, des allgemeinen volkswirtschaftlichen Trends, der Entwicklung des Sozialprodukts, der Investitionen für wichtige Wirtschaftszweige, die Entwicklung von Produktion, Beschäftigungszahlen, Einfuhr und Ausfuhr und die der Konkurrenzunternehmen. Alles soll in vergleichender Betrachtung zur Beurteilung des erwarteten Umsatzes und zur Feststellung dienen, ob alle Mittel des Vertriebes den Anforderungen des Marktes und des Wettbewerbes entsprechen.

Alle diese Überlegungen finden ihren praktischen Niederschlag im Verkaufsplan (Tabelle 1.2), der hier vereinfacht dargestellt ist, wobei aber immer folgende Abstimmungen notwendig sind:

Schätzung des Absatzes, vorbereitet durch die einzelnen Verkaufsabteilungen;

Prüfung durch die Verkaufsabteilung;

Prüfung durch die Produktionsabteilungen hinsichtlich der Produktionsmöglichkeit und -fähigkeit, einschließlich Materialbeschaffungsmöglichkeit;

Prüfung durch die Finanzabteilung im Hinblick auf die Finanzierungsmöglichkeit oder Kapitalbereitstellung;

endgültige Festlegung durch die Direktionssitzung.

Im Verkaufsplan sind die bestehenden Betriebsverhältnisse hinsichtlich Finanzierung, Materialbeschaffung und Kapazität zu berücksichtigen.

Bekanntlich kann die Kapazität nicht mit 100% eingesetzt werden.
Infolge Ausfalls von Maschinen und anderen Betriebsmitteln aufgrund
deren Pflege und Reparatur, Fehlens von Arbeitskräften aufgrund von
Urlaub und Krankheit, fehlenden Materials und Wartezeiten aufgrund

Tabelle 1.2. Verkaufsplan

Planzeit: Januar–Juni Erzeugnis		Monat					
		Januar		Februar		Juni	
		St.	DM	St.	DM	St.	DM
Erzeugnis 1 1 St: 680,– DM	Vorjähr. Monatslief.	60	40800	80	54400	10	6800
	Geplante Monatslief.	60	40800	80	54400	20	13600
	davon für Inland: Absatzgebiet I	40		50			
	Absatzgebiet II	15		30			
	für Export	5		—			
Erzeugnis 2 1 St: 350,– DM	Vorjähr. Monatslief.	100	35000	50	17500	30	10500
	Geplante Monatslief.	100	35000	50	17500	30	10500
	davon für Inland: Absatzgebiet I	70		10			
	Absatzgebiet II	30		20			
	für Export	—		20			
Ersatz- bedarf	Vorjähr. Monatslief.	—	12300	—	11450	—	10000
	Geplante Monatslief.	—	12000	—	15100	—	12000
	davon für Inland: Absatzgebiet I	—	6000				
	Absatzgebiet II	—	1500				
	für Export	—	4500				
Monatsumsatz im Vorjahr		—	88100	—	83350	—	27300
Geplanter Monatsumsatz		—	87800	—	83400	—	36100

organisatorischer Mängel liegt die erreichbare Kapazität in der Regel um
85%. Unter Kapazität ist der Einsatz von Mensch und Betriebsmittel
an einem Arbeitsplatz während einer Schicht zu verstehen. Die wirtschaftlichste Nutzung der Kapazität wird im Mehrschichtenbetrieb erreicht. Sie führt zu einer günstigeren Eindeckung der Gemeinkosten und
mithin zu einer Senkung der Gestehungskosten.

Unter Berücksichtigung des Fabrikationsprogramms muß geprüft
werden, ob die bisherige Kapazität ausreicht oder ob die Marktverhält-
nisse eine Erweiterung verlangen. Ferner ist zu beachten, daß ein zu
breites Sortiment einer wirtschaftlichen Serien- oder Massenfertigung und
damit der Forderung nach Mechanisierung und Automatisierung der
Fertigung entgegensteht.

Untersuchungen über die Verkaufsstückzahlen und Umsatzzusammen-
setzung der verschiedenen Erzeugnisse und Typen (Auftragsstruktur)

sind daher unabdingbar, wobei oft überraschende Ergebnisse zutage treten.

Ein Beispiel [3] zeigt Bild 1.2. Hier erbrachten nur 4 Typen bereits 66% der Gesamtfertigungsstückzahl, während andererseits 47 Typen nur 6% erreichten.

Die Auswirkungen einer Typenbeschränkung in einer Herdfabrik, in der zunächst 23 verschiedene Herdmodelle mit teilweise 0,02% bis höchstens 18% Gesamtumsatzanteil fabriziert wurden und die nach einer entsprechenden Marktforschung auf 4 Typen umgestellt wurde, zeigt Bild 1.3. Entgegen der Ansicht, daß nur eine Typenvielfalt ein Bestehen gegenüber der Konkurrenz sichere, ist hier bei höheren Löhnen und

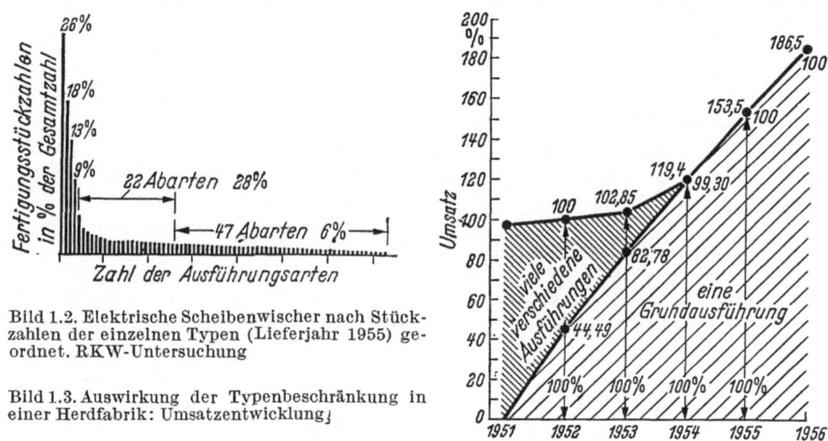

Bild 1.2. Elektrische Scheibenwischer nach Stückzahlen der einzelnen Typen (Lieferjahr 1955) geordnet. RKW-Untersuchung

Bild 1.3. Auswirkung der Typenbeschränkung in einer Herdfabrik: Umsatzentwicklung

Materialpreisen, aber gleichbleibenden Verkaufspreisen, nicht nur der Gesamtumsatz ganz wesentlich gewachsen, sondern auch der Gewinn gestiegen. Und dies durch Einsparung an Vertriebs-, Entwicklungs- und Konstruktionsarbeit, weniger Auftragskosten in der Arbeitsvorbereitung und Terminstelle, wesentlich geringere Umrüst-(Einrichte)kosten in der Fertigung, Raum- und Arbeitsersparnis im Lager und Versand sowie Verwaltungsersparnis in der Rechnungsstelle und Buchhaltung. Außerdem ist damit auch eine ganz wesentliche Forderung der Absatzplanung erfüllt, daß nämlich nicht der Umsatz, sondern auch ein entsprechender Gewinn mitzuplanen ist.

1.2.2. Der Vertriebsaufwandsplan legt die Verkaufskosten fest, also den Aufwand der Verkaufsleitung, der Verkaufsverhandlungen und des Versandes, er bestimmt den möglichen Anteil dieser Kosten am Umsatz und für jede Erzeugnisgruppe. Außer der Aufteilung in absatzabhängige und absatzunabhängige Kosten ist eine Gliederung nach Absatzzonen und unter Umständen nach Verkäufern zweckmäßig.

6

1.3. Produktionsprogramm-Planung

Mit der Aufstellung des Verkaufsplanes sind die Unterlagen für die
Produktionsabteilungen gegeben. Im Produktionsprogramm als der zeitlich geordneten Zusammenstellung vorliegender Kunden- oder Vorrats-
aufträge für die Produktion innerhalb eines bestimmten Zeitabschnittes
muß nun je nach saisonmäßigen oder sonstigen Schwankungen im Verkaufsplan eine Verdichtung oder Aufteilung des Bedarfes nach Menge
und Zeit erfolgen. Dabei werden unter der Produktion (zum Begriff vgl.
Abschnitt 2.) alle Gebiete der betrieblichen Leistungserstellung verstan-
den, gleich ob es sich um die Fertigung von Gütern geometrisch definierter Form, um die Verfahren der stoffbereitenden oder -veredelnden
Erzeugung von Gütern oder um die Gewinnung von Energie handelt.

1.3.1. Der Durchführungsplan (Tabelle 1.3) übernimmt mit Rücksicht
auf gleichmäßige Fertigungsdichte über das ganze Jahr die unter Umständen saisonbedingten Absatzmengen nicht unmittelbar in die einzelnen Monate, sondern verteilt sie entsprechend. Es handelt sich also um
die Zusammenfassung gleichartiger Erzeugnisse, Gruppen oder Einzelteile als Sollmengen in den einzelnen Planzeiträumen.

Die Fertigungszeiten liegen durch Schätzung, Vorrechnung bei entsprechenden Planzeitwerten oder durch Zeitstudien fest. Daraus sind die
monatlichen Fertigungsstunden zu errechnen. Durch Schichtarbeit oder
Überstunden muß versucht werden, Produktionsspitzen abzubauen. Urlaub ist nach Möglichkeit in Zeiten schwächerer Beschäftigung zu legen.

Der Durchführungsplan ist für die Arbeitsvorbereitung die Grundlage
zur termingemäßen Bereitstellung der Betriebsmittel, des Materials und
der Arbeitspapiere.

a) Für die *Abstimmung zwischen Verkaufs- und Produktionsprogramm*
gibt es grundsätzlich drei Möglichkeiten:

1. Gleichlaufsprinzip: Erzeugung = Absatz.
Die Kapazität muß größten Anforderungen gerecht werden, daher hohe
Investitionen. Dieses Prinzip ist aus personellen und finanziellen Gründen
bei Saisonbetrieben selten möglich.

2. Ausgleichsprinzip: Erzeugung = Jahres(Monats)durchschnitt + La-
germenge.
Die gleichmäßige Auslastung der kapazitätsmäßig nicht zu hoch aus-
gelegten Anlagen, Lagermöglichkeit und Finanzierung muß gewährleistet sein. Ein Arbeiten auf Lager ist aber nur dann möglich, wenn die
zu fertigenden Güter umfangsmäßig nicht zu groß oder einmalig sind
(Investitionsanlagen), und wenn eine Entwertung von Vorräten in der
Lagerzeit nicht zu befürchten ist (nicht haltbare Waren, Modeartikel usw.).

3. Stufenprinzip: Erzeugung = wirtschaftliche Losgröße.
Dieses Prinzip gestattet optimale Lagerhaltung, jedoch nicht unbe-
dingt günstigste Kapazitätsauslastung.

Die Entscheidung über den Ausgleich der Interessen zwischen einer gleichbleibenden, preisgünstigen Fertigung (zweckmäßige Ausnutzung der Betriebskapazität und Arbeitskräfte) und dem Streben nach wirt-

Tabelle 1.3. Erzeugungs-Durchführungsplan

Planzeit: Januar–Juni Erzeugnis		Monat			
		Nov.	Dez.	Jan.	Juni
Gerät 1: 680,– DM	Lieferg. lt. Verk.-Pl.	10	20	60	20
	Gepl. Monatslose	—	1×50	1×50	1×50
Für Stck. / Benöt. Fert.-Std.	Bearbtgs.-Beginn				
1 / 120	Notw. Fert.-Std.	—	6000	6000	6000
Gerät 2: 350,– DM	Lieferg. lt. Verk.-Pl.	300	200	100	30
	Gepl. Monatslose	250	100	100	50
Für Stck. / Benöt. Fert.-Std.	Bearbtgs.-Beginn				
1 / 50	Notw. Fert.-Std.	12500	5000	5000	2500
Ersatzteile	Lieferg. lt. Verk.-Pl.				
	Gepl. Monatslose				
Für Stck. / Benöt. Fert.-Std.	Bearbtgs.-Beginn				
	Notw. Fert.-Std.	2000	1500	2000	2000
Benöt. Fert.-Std. f. Ges.-Erzeugung		14500	12500	13000	10500
(+) Urlaub		—	500	—	2500
(−) Überstunden		1500	—	—	—
Monatlich erford. Fert.-Std.		13000	13000	13000	13000
Erford. prod. Belegschaft rd.		75	75	75	75

schaftlicher Lagerhaltung (Sicherung der Lieferbereitschaft und schneller Lagerumschlag) wird danach ausfallen, ob die Kostenersparnis durch gleichmäßigere Produktion und entsprechend niedriggehaltene Gesamtkapazität der Anlagen oder die Zinsen für den verlangsamten Kapitalumschlag (einschließlich Lagerkosten) überwiegen. Zu berücksichtigen ist natürlich die konjunkturelle Entwicklung auf den Märkten, für die es folgende Anpassungsmöglichkeiten gibt:
Steigende Konjunktur: Lagerverminderung, Lieferzeitverlängerung, Überstunden, mehr Arbeitskräfte, Inbetriebnahme weiterer Anlagen;

Fallende Konjunktur: Lagervergrößerung (zugleich mehr Lagerarbeit), Betriebsaufträge (Instandsetzung der Betriebsmittel usw.), Kurzarbeit, Entlassungen.

b) Wirtschaftliche Losgröße [4]. Bei der Unterteilung der im Fertigungsprogramm festgelegten Mengen in sog. Werkstatt- oder Fertigungsaufträge (Losgrößen) können zu kleine Losgrößen den Anteil der Aufwendungen für die Umstellung der Produktionsmittel hochhalten. Außerdem können die auch meist in den Gemeinkosten enthaltenen Auftragsabwicklungskosten (Auftragschreiben, Materialausgabe und Verrechnung, Terminüberwachung, Lohn- und Zeitverrechnung in der Werkstatt und im Lohnbüro usw.), die Einarbeitungs- und Transportkosten sowie höherer Ausschuß für den jeweiligen Fertigungsanlauf usw. stark ins Gewicht fallen.

Bild 1.4. zeigt ein Beispiel des RKW[1], in welchem allerdings noch anteilige Werkzeugkosten auf die Losgröße umgelegt wurden, was sich bei wiederkehrender Serienfertigung nicht so stark auswirkt. Nach dem Verlauf der Kurve wird es ab 25000 Stück kostenmäßig uninteressant,

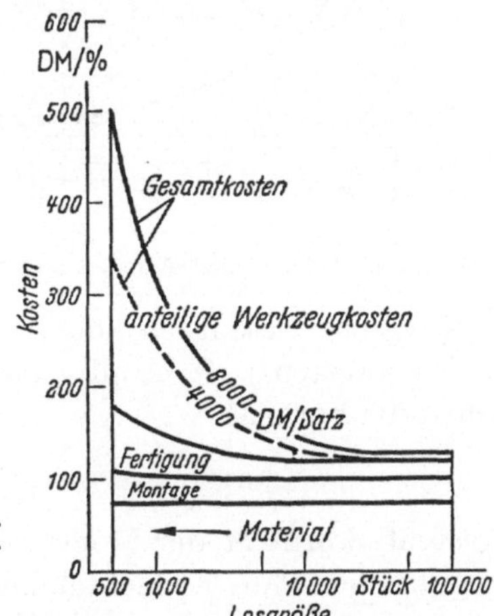

Bild 1.4. Selbstkosten eines Erzeugnisses bei verschiedenen Losgrößen, wobei die anteiligen Werkzeugkosten besonders hoch sind (nach RKW)

höhere Stückzahlen aufzulegen. Dabei sollen die Auftragsabwicklungskosten nicht unterschätzt werden. Sie betrugen beispielsweise in einem Großunternehmen je Einzelteil (nicht je Erzeugnis, das aus vielen Einzelteilen bestehen kann) DM 35,— für ein Teil mit drei Arbeitsgängen; mit jedem weiteren Arbeitsgang kamen DM 5,— hinzu (Stand 1959). Weiter ergaben diese Kosten in einem Unternehmen mit 2000 Mann Belegschaft DM 20,— im Durchschnitt, während das RKW in einer Armaturenfabrik ermittelte, daß jeder Auftrag unter 10,— DM ein Geschenk an den Kunden darstellt und daß eine vollkommen falsche Vorstellung über die Auftragsabwicklungskosten herrschte.

---

[1] RKW: Rationalisierungskuratorium der Wirtschaft.

Der Tendenz zur großen Losstückzahl wirken allerdings in Unternehmen mit vielseitiger, wechselnder Auftragszusammensetzung lange Maschinenlaufzeiten bei den Engpaßmaschinen entgegen, ferner Materialstauungen an den Arbeitsplätzen bei Arbeitsweise nach dem Verrichtungsprinzip (vgl. Abschnitt 2.4.1) und besondere Zins- und Lagerkosten dort, wo nicht die ganze Auftragsstückzahl sofort abgesetzt werden kann. Bild 1.5 zeigt, daß bei geringen Materialkosten je Teil die wirtschaft-

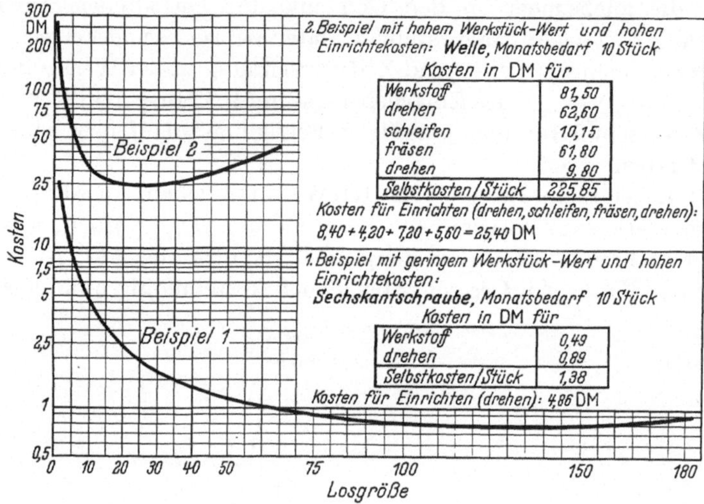

Bild 1.5. Einfluß der Werkstoff- und Einrichte-(Rüst-)kosten auf die wirtschaftliche Losgröße

liche Losgröße wesentlich höher ist als bei hohen Materialkosten (Zins- und Lagerkosten!). K. Andler hat mit gewissen vereinfachenden Annahmen die Formel[1]

$$\text{optimale Losgröße } x = 49 \sqrt{\frac{M\,E}{P\,Z}},$$

aufgestellt, worin M der Monatsbedarf, P die Stückkosten (Werkstoff, Fertigungslohn ohne Einrichtelohn, Fertigungsgemeinkosten), E die Einrichtekosten (Rüstkosten, organisatorische Auftragsablaufkosten), Z der Zinssatz in % für im Lager gebundenes Kapital ist.

1.3.2. Der Einkaufsplan [5] legt aufgrund des Produktionsprogrammes oder statistischer Verbrauchszahlen den Bedarf an Fertigungs- und Hilfsmaterialien sowie die günstigsten Bedingungen fest, unter denen die Einkaufsabteilung mit den Lieferwerken die Kaufverträge und Anliefertermine bestimmt. Dabei muß mit betriebspolitischem Fingerspitzengefühl die Entscheidung getroffen werden zwischen langfristigen Verträgen auf große Mengen mit günstigem Preis mit nur einzelnen Liefer-

---

[1] Diese Formel liegt dem AWF-Sonderrechenstab SR 744 zugrunde, der vom Beuth-Vertrieb, Berlin, Köln, Frankfurt, bezogen werden kann (AWF: Ausschuß für wirtschaftliche Fertigung).

10

werken und der Verbindung mit mehreren Bezugsquellen für jeweils
kleinere Mengen bei meist höherem Preis. Die große betriebswirtschaftliche Bedeutung dieses Problems liegt darin, daß von der Vorratshaltung
die Möglichkeiten der Fertigung und damit des Absatzes abhängen, aber
auch mit der Kapitalbindung und der Lagerverwaltung Kosten bzw.
durch die Marktabhängigkeit Risiken entstehen. Die Notwendigkeit
einer rechtzeitigen Bereitstellung steht der Forderung nach Sparsamkeit
gegenüber.

Um die zweckmäßigste Eindeckung nach Menge und Zeit zu erkennen,
muß man die durch den Einkauf größerer Mengen entstehenden zusätz-
lichen Lagerkosten bei kleinen Einkaufspreisen mit den Kosten vergleichen, die bei kleineren Einkaufsmengen, also auch kleineren Lagern,
aber höheren Einkaufspreisen entstehen. Für eine zielstrebige Lager-
(Einkaufs)politik sind vier Gruppen von Lagerhaltungskosten zu beachten:

1. Raumkosten infolge Abschreibung, Instandhaltung, Versicherung
der Einrichtungen, Beleuchtung, Heizung usw.

2. Kosten der Lagerbestände für Verzinsung des gebundenen Kapitals,
Verderb, Schwund oder sonstige Mengen- und Güteminderung, Versicherung und anteilige Steuern.

3. Kosten für Transport und eventuell mengenmäßige und gütemäßige
Erhaltungsbehandlung (Pflege) der lagernden Güter.

4. Verwaltungskosten, Personal- und Rechnungswesen.

Der Bedarf an Fertigungswerkstoffen (einschließlich fertig von aus-
wärts bezogener Teile) kann nach Aufträgen oder aufgrund des Lager-
verbrauchs ermittelt werden. Näheres hierzu vgl. Teil II.

1.3.3. Der Aufwandsplan, aufgrund der im Produktionsprogramm festgelegten Mengen und Zeiträume nach Material-, Lohn- und Gemeinkosten getrennt geführt, enthält Sollzahlen, die das richtige Maß der
Kosten durch außer- und innerbetriebliche Größen berücksichtigen müssen, z. B. Durchschnittszahlen aus dem tatsächlichen Arbeitsablauf der
Vergangenheit oder besonders errechnete Planzahlen. Dabei verwendete
Standard-Werte entsprechen der günstigsten Kostengestaltung bei dem
jeweiligen Beschäftigungsgrad, also der erzielbaren Bestleistung der
Kostenstelle. Optimal- oder Plankostenzahlen setzen neben der Bestleistung der Kostenstellen auch eine Bestausnutzung der richtig abgestimmten betrieblichen Leistungsfähigkeit (Kapazität) voraus. Näheres
hierzu vgl. Teil II.

1.4. Investitionsplanung [6]

Allgemein versteht man unter „Investieren" das langfristige Festlegen
von Mitteln in Gegenständen des Sachanlagevermögens, um wirtschaft-

liche Ziele zu erreichen. Im Industriebetrieb sind diese Sachgüter in erster Linie technische Einrichtungen für Produktion, Transport und Lagerung, wobei technische und wirtschaftliche Gesichtspunkte entscheidend sind. Die Notwendigkeit oder Zweckmäßigkeit einer Investition wird im Zusammenhang mit dem Produktionsprogramm festgestellt. Der Investitionsplan enthält die Änderungen an Investitionen (Anlagewerten) in der Planperiode. Einrichtungen, die nur für bestimmte Aufträge erforderlich sind, müssen dabei aus diesen kostenmäßig gedeckt sein. Es ist daher von Fall zu Fall zu prüfen, ob und in welcher Höhe diese Kostenanteile im vorliegenden oder zu erwartenden Umsatz enthalten sind. Voraussetzung aller übrigen Investitionen sind Wirtschaftlichkeitsuntersuchungen, wobei die Kosten des bisherigen Verfahrens denen des geplanten gegenübergestellt werden. Jedoch sind nicht immer nur allein Einsparungen für die Neubeschaffung von Anlagen maßgebend, es gibt auch Umstände, die zahlenmäßig nicht genau erfaßbar sind, so z. B. Vorteile, die einer Verbesserung der Arbeitsbedingungen oder des Arbeitsergebnisses entspringen, die aber auch eine Investition veranlassen. Desgleichen können Investitionen infolge Unbrauchbarwerdens als Ersatzbeschaffung oder zur Erzielung einer bestimmten Ausbringung zwecks Vertragserfüllung und u. U. aus bilanzmäßigen Gründen (Abschreibungsmöglichkeit) notwendig werden.

1.4.1. Zeitlicher Nutzungsgrad der Anlagen. Allgemeiner Ausgangspunkt jeder Investitionsüberlegung wird wohl zuerst einmal die technisch richtige Auswahl der für die vorliegende Fertigungsaufgabe günstigsten Anlage (Maschine, Einrichtung) sein. Besonders bei breitgestreutem Sortiment und wechselndem Fertigungsprogramm ist diese Auswahl oft nicht einfach (vgl. auch Abschnitt 2). Nachdem die Anforderungen hinsichtlich technischer Gestaltung, Antrieb, Genauigkeit und Platzbedarf ermittelt sind, ergibt sich

$$\text{zeitlicher Nutzungsgrad} = \frac{\text{Nutzungszeit}}{\text{Bereitschaftszeit}} \; .$$

Darin ist Nutzungszeit die Summe aller Auftragszeiten (Rüstzeiten und Ausführungszeiten für die im Auftrag jeweils zusammengefaßten Einheiten) und Bereitschaftszeit die täglich, wöchentlich, monatlich oder jährlich mögliche Laufzeit der Maschine.

1.4.2. Rentabilität. Soll nun eine Investition rentabel sein, so müssen im gleichen Zeitraum die Einnahmen aus dem Ertrag der Investition größer sein, als die mit der Investition verbundenen Ausgaben, die sich aus Kapitaldienst, Betriebs- und Instandhaltungskosten zusammensetzen. Der Kapitaldienst (Abschreibung, Verzinsung) errechnet sich dabei aus der Beschaffungssumme nebst Einbaukosten, abzüglich Alt-(Rest)wert (zum Zeitpunkt der Außerbetriebnahme), geteilt durch die Lebensdauer (Abschreibungszeitraum) in Jahren und der Zinsen, die bei in der Bank angelegtem Kapital anfallen würden. Die Höhe der Betriebskosten hängt von der Nutzungszeit, den Raum-, Antriebs-, Bedienungs-, Hilfsstoff- und evtl. Materialkosten (für das Erzeugnis) ab. Instandhaltungskosten sind aufgrund von Erfahrung zu schätzen.

Allen Wirtschaftssystemen ist das Prinzip der Betriebserhaltung gemeinsam, d. h. das Bestreben geht dahin, über Aufwandsersatz bzw. Kostendeckung sowie Substanzerhaltung hinaus noch genügend Rückstellungen für nach Höhe und Fälligkeit ungewisse Gefahren und Risiken zu machen. Man setzt also den Ertrag aus der Fertigung abzüglich der entstandenen Kosten zum eingesetzten Vermögen (Kapital) an Materialvorräten, Arbeitsmitteln und Geldmitteln ins Verhältnis und erhält betriebliche Rentabilitätskennzahlen. Diese privatwirtschaftliche Rentabilität hat sich allgemein den Forderungen volkswirtschaftlicher Nützlichkeit einzuordnen, d. h. es ist zuerst Mangelware zu produzieren, verarbeitete Rohstoffe dürfen in der Gesamtwirtschaft keine Engpässe verursachen und die Verbesserung der Rentabilität darf nicht zu einer Störung des Gesamtwohls durch z. B. Verschmutzung der Flüsse durch nicht gereinigte Abwässer usw. führen.

1.4.3. Wirtschaftlichkeit.

Wirtschaftlichkeitskennzahlen erhält man, wenn der Wert der Fertigung in Geld als Ertrag ins Verhältnis zu den Kosten des Einsatzes (Material-, Arbeits- und Kapitalkosten) gesetzt wird, wobei man immer von der Fertigungsleistung in Stück, Kilogramm, Meter usw. ausgeht.

Will man die Wirtschaftlichkeit verschiedener Projekte vergleichen, so trägt man die Kosten graphisch auf und erhält durch Zusammensetzen der festen Kosten (Abschreibungen, Verzinsung, Raum- und In-

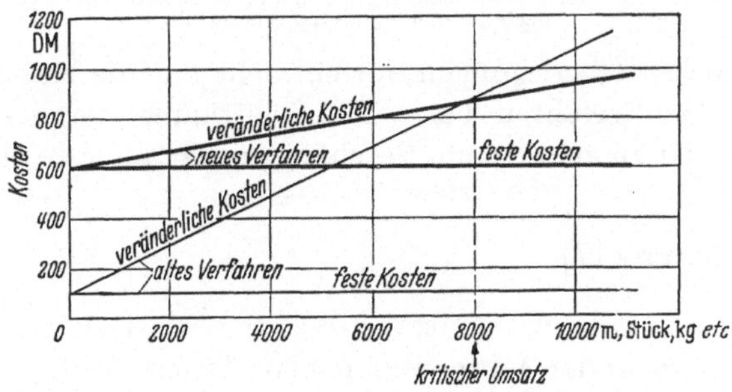

Bild 1.6. Ermittlung des kritischen Umsatzes oder der Erzeugungsmenge bei einer Verfahrensänderung mittels der sogenannten Kostenschere, bei linearem Kostenverlauf. Allgemein werden sich die Gesamtkosten aus den festen und veränderlichen Gemeinkosten und dem Aufwand für Material und Lohn zusammensetzen, wobei die veränderlichen Kosten proportional, über- oder unterproportional bzw. auch in Stufen steigend sein können

standhaltungskosten) und veränderliche Kosten (Antriebs-, Bedienungs- und evtl. Materialverbrauchskosten je Mengeneinheit) zwei Strahlen als jeweilige Gesamtkosten, die sich in einem bestimmten Punkt (kritischer Umsatz) schneiden (Bild 1.6). Links von diesem Punkt ist das alte, rechts davon das neue Verfahren billiger. Bleiben einige Kostenfaktoren bei beiden Verfahren gleich, so braucht man dann weiterhin nur die sich ändernden Kostenarten zu vergleichen. Dabei zeigt sich allgemein, daß der Kapitaldienst in erweiterter Form, d. h. Kosten aus Beschaffung von Maschinen, Vorrichtungen, Raum usw., den größten Teil der Gesamtkosten ausmacht. Es ist daher wichtig, sich von der überwiegenden Betrachtung des Lohnaufwandes (Bedienungskosten) zu lösen (Bild 1.7). Weiter gewinnt die Abschreibungsdauer einschneidende Bedeutung, so daß bei der Beschaffung auf universelle Wiederverwendbarkeit der Anlagen oder ihrer wichtigsten Baugruppen zu achten ist.

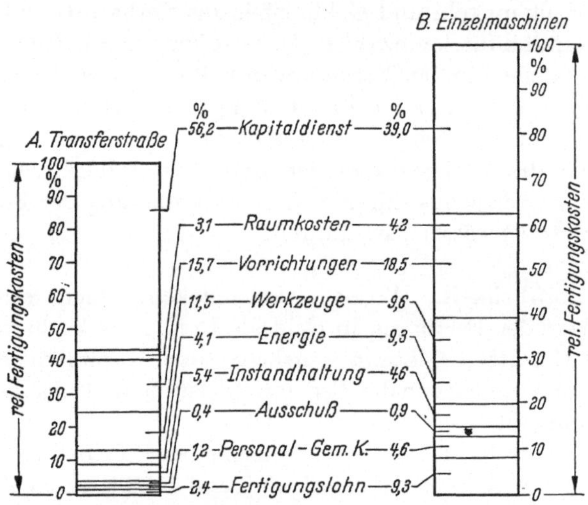

Bild 1.7. Aufteilung der Fertigungskosten für das Fräsen von Kurbelgehäusen, wobei der verhältnismäßig geringe Fertigungslohn bei mechanisierten Fertigungsverfahren auffällt

Bei allen diesen Überlegungen dürfen nicht nur die Kosten von Einrichtungen oder Verfahren bei Vollbeschäftigung verglichen werden, sondern es ist der zu erwartende Beschäftigungsgrad zu berücksichtigen.

1.5. Finanzplanung [7]

Als Zusammenfassung und Auswertung aller übrigen Pläne gibt der Wochen-, Quartals- oder Jahres-Finanzplan Auskunft über
die Geldmittel, um Fertigungs- und Investitionspläne durchzuführen,
die flüssigen Mittel aus dem Absatz der Fabrikate und aus sonstigen Einnahmen,
die Defizitfinanzierung oder der Anlage überschüssiger Mittel und
die Finanzdispositionen, die den höchsten Gesamtgewinn bringen.

1.5.1. Ausgaben. Der Kapitalbedarf zerfällt in Anlagekapital und Betriebskapital. Während die Höhe des Anlagekapitals hauptsächlich vom

14

Investitionsplan beeinflußt wird, ist die Größe des Betriebskapitals abhängig vom Wert des zu fertigenden Erzeugnisses, der Größenordnung der Produktion und der Höhe und Schnelligkeit des Umsatzes. Dabei übt die Fertigungs- oder Verfahrenstechnik durch die Durchlaufzeit, Bindung an Löhne und Materialien, das Lager durch die Höhe der Rohstoffe, Halbfertig- und Fertigfabrikate einen großen Einfluß auf den Kapitalbedarf aus, der außerdem noch durch Verkaufsaußenstände erhöht wird. Der Bedarf für Verwaltung und Vertrieb zeigt eine gewisse Abhängigkeit von der Größe der Produktion, des Lagers und der Einzelverkäufe.

Im einzelnen wird aufgrund von Buchhaltungsunterlagen oder statistischer Erfassung früherer Perioden unter Berücksichtigung der geplanten Produktion und der Neuinvestition der monatliche, vierteljährliche oder jährliche Bedarf nach Kostenarten festgelegt. Dabei ist es oft schwer, gewisse Barausgaben und auch Einnahmen genau abzuschätzen, da sie von den Tätigkeiten, die sie verursachen, durch einen gewissen Zeitraum getrennt sind, so z. B. die Bezahlung der Einkäufe oder die Eingänge aus Verkäufen. Mit Rücksicht darauf ist ein Posten „Unvorhergesehenes" einzusetzen.

1.5.2. Einnahmen. Zahlungseingänge für gelieferte Waren sind nach Unterlagen der Verkaufsleitungen, Erträge aus Beteiligungen, Veräußerungen, Zinsen und Dividenden nach Angaben der Finanzverwaltung festzulegen. Die Mieteabteilung liefert die Planzahlen für eingehende Mieten, die Materialverwaltung für Verkaufserträge aus Altmaterial, die Patentabteilung für Eingänge aus Lizenzgebühren.

Während die Schätzung der Einnahmen bei Massenfertigung auf den Produktionsprogrammplan zurückgreift, geben bei Serien- und Einzel- bzw. Chargenfertigung meist nur die in der Auftragskartei festgelegten und nochmals überprüften Zahlungstermine den nötigen Anhalt. Einnahmen aus Ersatzteilgeschäften weisen gewöhnlich eine gewisse Regelmäßigkeit auf und lassen sich aus dem Verkauf der letzten Periode ableiten.

1.5.3. Überschuß oder Fehlbeträge. Den Abschluß bildet eine geschätzte Bilanz mit Gewinn- und Verlustrechnung. Der Finanzplan ist laufend zu überwachen und abzustimmen. Überschüsse (liquide, flüssige Mittel) werden meist kurz- oder mittelfristig zur Finanzierung von Kundenwechseln oder längerfristig zum Erwerb von Pfandbriefen, für Vorauszahlungen an Lieferanten, Kreditrückzahlungen und entsprechende Verkaufsziele verwendet. Zur Befriedigung kurzfristigen Geldbedarfs an Lohn- und Gehaltsterminen werden angelegte Gelder zurückgezogen, Wechsel weiterverkauft, Wertpapiere beliehen, Bereitstellungs- oder Bankkredite in Anspruch genommen, Schuldverschreibungen und Aktienausgabe kommen bei längerfristigem Bedarf (Produktionsausweitung) in Frage.

Erst wenn alle Teile der betrieblichen Planung zweckentsprechend durchgeführt sind, darf man erwarten, daß verfahrensmäßig und arbeitstechnisch alle Voraussetzungen für die betriebstechnische Höchstleistung erfüllt sind und daher auch im Ergebnis keine Überraschungen kommen können. Auch die Überprüfung des Vorhabens ist erst durch die Koppelung technischer und betriebswirtschaftlicher Betrachtungen möglich.

2. Produktionsplanung

Alle vor der eigentlichen Produktion liegenden einmaligen Maßnahmen für die Gestaltung des Erzeugnisses sowie die Planung und Bereitstellung der Betriebsmittel und Menschen haben einen besonderen Einfluß auf den späteren wirtschaftlichen Arbeitsablauf. Dabei gliedert sich die Produktion als allumfassender Begriff betrieblicher Leistungserstellung nach Dolezalek [8] in drei Teilbereiche:

die Fertigungstechnik zur Erzeugung und Verbesserung von Gütern geometrisch definierter Form;

die Verfahrenstechnik, stoffbereitend oder veredelnd bei Gütern ohne geometrisch definierte Form;

die Energietechnik, die Energie jeglicher Art erzeugt oder umwandelt.

In diesem Buch werden hauptsächlich Fragen der Fertigungs- und Verfahrensplanung behandelt. Dabei müssen sich Fertigungs- und Verfahrensingenieure mit den Möglichkeiten und Grenzen auseinandersetzen, die Naturgesetze, Werkstoffe und ihre Eigenschaften, die wirtschaftlichen Erfordernisse des Marktes, die einsetzbaren Kapitalien, nicht zuletzt aber auch die verfügbaren Werkstätten mit ihren maschinellen Ausrüstungen und Größenverhältnissen sowie zusätzlich das Können der dort tätigen Menschen bieten. Daher ist außer Allgemeinbildung und Fachwissen eine eingehende Kenntnis der auf dem Markt vorhandenen Maschinen und Einrichtungen und der Entwicklungsrichtung der technischen und organisatorischen Hilfsmittel notwendig. Konstrukteur, Fertigungs- und Verfahrensingenieur sowie Betriebsmann müssen eng zusammenarbeiten und auch die Kostenzusammenhänge sorgfältig beachten.

2.1. Arbeitsparende Gestaltung der Erzeugnisse [9]

Lassen die Ergebnisse der Marktforschung die Aussicht auf den gewinnbringenden Verkauf eines neuen oder nach Beschaffenheit, Menge und Preis veränderten Erzeugnisses zu, so finden die Erfordernisse der Verbraucher in der Konstruktion als der geistigen Verwirklichung von Ideen in technisch höchster, wirtschaftlich billigster und ästhetisch einwandfreier Form ihren Niederschlag. Sie nehmen aufgrund der Funktionsbedingungen und der Festigkeitsberechnungen, der Erkenntnisse aus Forschung und Entwicklung sowie der Auswertung der Schutzrechte Gestalt an in der Zeichnung, in der Festlegung der Werkstoffe und Bauvorschriften und in der Konstruktionsstückliste. Das Erzeugnis soll so konstruiert sein, daß eine wirtschaftliche Fertigung auf einfachen Maschinen mit genormten oder handelsüblichen Werkzeugen ohne Sonderlehren möglich und die Betriebssicherheit sowie Unfallverhütung gewährleistet sind. Nicht zuletzt soll der Konstrukteur sich weise Beschränkung in der Typenzahl auferlegen und darüber hinaus möglichst viele gleiche Einzelteile (DIN- und Werksnormen) in allen Typen verwenden. Die wirkliche und große konstruktive Leistung liegt nämlich heute darin, mit möglichst wenigen Einzelteilen auszukommen und vielfältige Austauschbarkeit zu erzielen.

2.1.1. Vereinheitlichung der Konstruktionsteile [10]. Um die Vorteile der billigen Massenfertigung ausnützen zu können, um Konstruktionsarbeit zu sparen sowie zur Erleichterung des Einkaufs und der Lagerhaltung muß weitgehend Normung angestrebt werden, wobei aus der Fülle möglicher Ausführungsformen der Einzelteile die günstigste ausgewählt wird.

a) Normung. In den heutigen Betrieben geht die Entwicklung zunächst zur Auswahl und Anwendung der in Gemeinschaft zwischen Erzeuger, Händler, Verbraucher und Behörden entstandenen DIN-Normteile. Dabei ist die Auswahl der Normteile auf einige wenige Größen zu beschränken, so daß man sich Auszüge aus diesen Normen herstellt, wobei es vorteilhaft ist, die DIN- oder sonstige Normbezeichnung aufrechtzuerhalten, sonst würde im Einkauf ein Übersetzungsblatt zwecks Verständigung mit dem Lieferanten erforderlich werden. Man wird dort wo der Konstrukteur bereits genügend Eigenverantwortlichkeit zeigt, in den DIN-Blättern in irgendeiner Form die im Werk bevorzugten Teile kennzeichnen, wie in Tabelle 2.1, sonst aber in einem Auszug (Tabelle 2.2)

Tabelle 2.1. Als Beispiel: Auszug aus einem Normblatt über Einlegekeile mit Kennzeichnung der auf Lager vorrätigen Größen

Wellen-∅ D in mm	Keil Breite ×Höhe $b \times h$	Nutentiefe		Längen $\sim 1{,}5\,D$ l in mm
		Welle t in mm	Nabe t_1 in mm	
> 12⋯17	5×5	3	$D + 2$	15 20 25 30 40
> 17⋯22	6×6	3,5	$D + 2{,}5$	15 20 25* 30* 40* 50
> 22⋯30	8×7	4	$D + 3$	25 30* 40* 50* 60
> 30⋯38	10×8	4,5	$D + 3{,}5$	30 40* 50* 60* 70
> 38⋯44	12×8	4,5	$D + 3{,}5$	30 40 50* 60* 70* 80
> 44⋯50	14×9	5	$D + 4$	40 50 60* 70* 80* 90

*auf Lager

nur die Maße jener Größen bekanntgeben, die verwendet werden dürfen. Der Weg geht weiter über die Anschluß-(Maß)normung für Wellen-, Motoren-, Getriebe, Flanschen- usw. zur eigentlichen Form- und Maßnormung. Als Vorstufe für die zweifellos recht schwierige Aufgabe der Typenbeschränkung sollen sogenannte Wiederholteile verwendet werden, Bauteile also für die gleiche Funktion in verschiedenen Gruppen gleicher oder verschiedener Erzeugnisse.

Tabelle 2.2. Beispiel: Teilweise Wiedergabe eines Normblattauszuges über Sechskantkopfschrauben, der lediglich die zu verwendenden Größen (*) enthält

Gewinde	M 5	M 6	M 8	M 10
Kopfhöhe	3,5	5	6	7
Schlüsselweite	9	11	14	17
15	*			
20		*		
25				*
30			*	*
35			*	
40				*
50				*

(Zeilenbeschriftung links: Länge des Gewindeschaftes)

Bei der Festlegung der Auswahlreihen — Drehzahlen, Drücke, Gewichte, Leistungen, Maßbereiche usw. — werden zweckmäßig Normzahlen nach DIN 323 mit gleichem Stufensprung zweier aufeinanderfolgender Glieder, z. B. $\sqrt[10]{10} \sim 1{,}25 = $ R 10 (Zehner-Reihe) die feinere Stufung oder $\sqrt[20]{10} \sim 1{,}12 = $ R 20 (Zwanziger-Reihe) usw., angewendet [11]. Als Normmaße sind sie in DIN 3 enthalten.

b) Typisierung. Es ist kein Zweifel, daß die Normung der Bauteile — Standardisierung in der Vorstufe, Teilefertigung — der erste Schritt ist zum Baukastensystem: Erstellung einer Fülle von Ausführungsformen der Endprodukte aus nur wenigen Aufbaueinheiten. Folgen muß dann also die Differenzierung in der Endstufe (Bild 2.1). Eine Getriebebaufirma z. B. war in der Lage, aus 145 genormten Einzelteilen 322 verschiedene Zahnradgetriebe zusammenzubauen. Hier kann man wirklich von der Norm sagen, daß sie die „einmalige Lösung" einer sich wiederholenden Aufgabe ist.

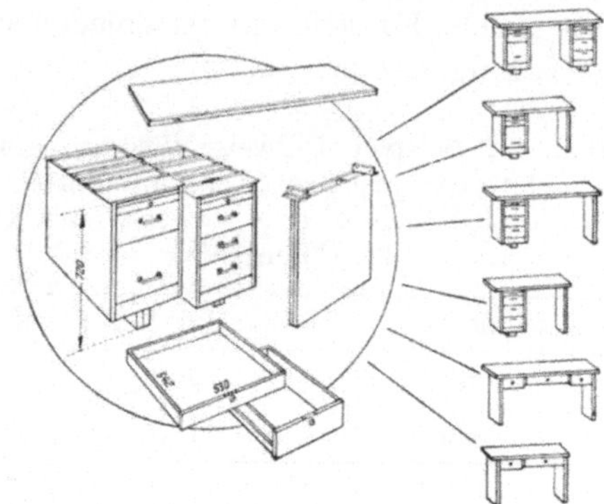

Bild 2.1. Büromöbel nach dem Baukastensystem

2.1.2. Sonstige Gestaltungsvorschriften. Die Auswahl der Passungssysteme im Maschinenbau (Ausschalten von Nacharbeit zusammengehöriger Teile, gekennzeichnet durch das Spiel) hängt allgemein von der Art der Erzeugnisse und den Losstückzahlen ab [12].

An Stelle der ursprünglichen Normen und der danach gültig gewesenen ISA-Normen sind die ISO-Normen[1] getreten. Sie kommen international zur Anwendung.

Die von dem Ausschuß „Toleranzen und Passungen" im Deutschen Normenausschuß (DNA) herausgegebenen DIN-Normen sind in folgenden Normblättern enthalten:

DIN 7151 ISO-Grundtoleranzen für Längenmaße von 1 bis 500 mm Nennmaß;

DIN 7152 Bildung von Toleranzfeldern aus den ISO-Grundmaßen für Nennmaße 1 bis 500 mm;

DIN 7154, Blatt 1 ISO-Passungen für Einheitsbohrung, Toleranzfelder, Abmaße in μm;

DIN 7154, Blatt 2 ISO-Passungen für Einheitsbohrung, Paßtoleranzen, Spiele und Übermaße in μm;

DIN 7155, Blatt 1 ISO-Passungen für Einheitswelle, Toleranzfelder, Abmaße in μm;

DIN 7155, Blatt 2 ISO-Passungen für Einheitswelle, Paßtoleranzen, Spiele und Übermaße in μm;

DIN 7157 Passungsauswahl, Toleranzfelder, Abmaße, Paßtoleranzen;

DIN 7160 ISO-Abmaße für Außenmaße (Wellen) für Nennmaße von 1 bis 500 mm;

[1] ISO: International Organisation for Standardization.

20

DIN 7161 ISO-Abmaße für Innenmaße (Bohrungen) für Nennmaße von
1 bis 500 mm;
Vornorm DIN 7172, Blatt 1 ISO-Toleranzen und ISO-Abmaße für Längenmaße über 500 bis 3150 mm, Grundtoleranzen;
Vornorm DIN 7172, Blatt 2 ISO-Toleranzen und ISO-Abmaße für Längenmaße über 500 bis 3150 mm, Abmaße.

Die Toleranzfelder der ISO-Normen sind gemäß Bild 2.2 in drei Vorzugsreihen aufgeteilt.

ISO-Kurzzeichen	Reihe																		
	1		r6	n6				h6	h9			f7				H7	H11		D10
	2	s6				k6				h11			e8	d11	K7			E8	
	3			m6		j6					g6								

Bild 2.2. Vorzugsreihen für ISO-Toleranzfelder. Kleine Buchstaben: Außenmaße für Wellen; große
Buchstaben: Innenmaße für Bohrungen

Mit Rücksicht auf die einfachere Fertigung und den geringeren Bestand an Werkzeugen und Lehren ist der Einheitsbohrung der Vorzug zu geben. Die Abmaße trägt dann die Welle. Die Toleranzfelder in Bild 2.2 haben hierin ihre Grundlage.

In der Massenfertigung wird gelegentlich die Einheitswelle verwendet, da hier die Anschaffungskosten für Werkzeuge und Lehren nicht das Gewicht haben, wie in der Einzel- oder kleinen Reihenfertigung.

Wirtschaftliche Überlegungen führen dazu, sich in der Zahl der zur Anwendung kommenden Passungen weise zu beschränken. Es sollte sich daher jedes Werk aus den Normblättern eine Tabelle der empfohlenen Passungen, Spiele und Übermaße zusammenstellen. Von der Art der gefertigten Erzeugnisse hängt es ab, ob man nur Toleranzfelder der Reihe 1 oder der Reihen 1 und 2 oder gar der Reihe 3 mit verwenden will.

Da die Zahl der Passungen der vorstehend genannten Normblätter groß und eine genaue Kenntnis zu ihrer rationellen Anwendung erforderlich ist, sollten vereinfachende und klare Richtlinien für Konstruktion und Arbeitsvorbereitung Hilfestellung geben. Als Beispiel diene Bild 2.3.

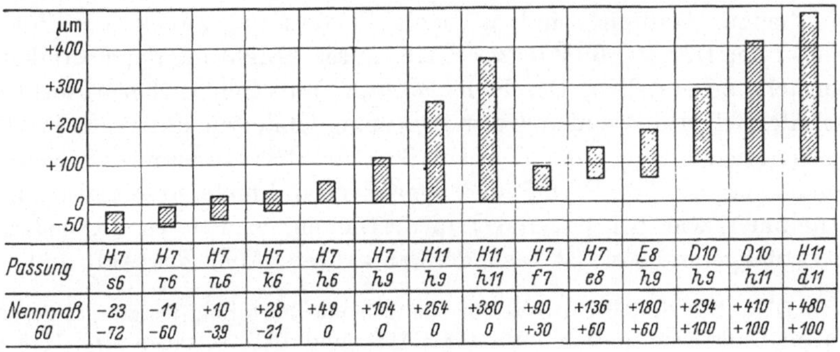

Passung	H7	H7	H7	H7	H7	H7	H11	H11	H7	H7	E8	D10	D10	H11
	s6	r6	n6	k6	h6	h9	h9	h11	f7	e8	h9	h9	h11	d11
Nennmaß 60	−23	−11	+10	+28	+49	+104	+264	+380	+90	+136	+180	+294	+410	+480
	−72	−60	−39	−21	0	0	0	0	+30	+60	+60	+100	+100	+100

Bild 2.3. Paßtoleranzfelder der ISO-Reihe 1 und der ISO-Reihen 1 und 2 für Nennmaß 60 mm, auf
Null bezogen

Für die ISO-Reihe 1 und die Reihen 1 und 2 wurden unter Hinzuziehung der Grundtoleranzen die Toleranzfelder errechnet und auf eine angenommene Nullinie bezogen. Der Betrachter erkennt die Gütegrade der Passungen und kann nun folgerichtig die Toleranzfelder auswählen und die Bemaßung der Bauteile festlegen.

Eine weitere Möglichkeit, die Anwendung der Normen im Griff zu behalten, ist die Fixierung von Anwendungsbeispielen. Bild 2.4 gibt hierzu eine Anregung.

ISO-Passung	Anwendungsbeispiel	Sitz
H7/n6	Kraftschlüssige Verbindungen, bei höheren Drehmomenten durch Paßfeder oder Stifte sichern.	Festsitz
H7/h6	Paßteile, die sich bei Verwendung von Schmiermitteln von Hand verschieben lassen. Gegen Verdrehung und Verschiebung sichern. Anwendung bei Teilen, die ohne Kraftaufwand zusammengefügt oder auseinandergenommen werden sollen.	Gleitsitz
H7/f7	Lager mit hoher Genauigkeit.	Laufsitz

Bild 2.4. ISO-Passungen in Verbindung mit Anwendungsbeispielen

In Werkstückzeichnungen nicht mit Passungsmaßen versehene Maße müssen zur Vermeidung von Unklarheiten zwischen ausführendem Arbeiter bzw. Lieferanten, Kontrolle und Montage ebenfalls richtunggebend in ihren Abweichungen durch sog. Freimaßtoleranzen begrenzt werden[1].

Allgemein erhöhen noch unzweckmäßigere Formen, schwer zugängliche Bearbeitungsflächen, mangelnde Stabilität der Werkstücke, normwidrige Passungen und Gewichte die Fertigungskosten.

Dem Verschleiß unterliegende Bauteile sind leicht austauschbar anzuordnen. Wo sie durch mechanische Bearbeitung hergestellt werden, sind Ansätze zu vermeiden, um sie durchgehend bearbeiten zu können. Große Schweißkonstruktionen [13] sind sektionsweise zu fertigen. Dadurch lassen sich Schrumpfspannungen weitgehend ausschalten. Notfalls erstellt die Arbeitsvorbereitung Pappmodelle, die der Fertigung als Vorlage dienen. Gußteile sind je nach Verwendungszweck aus Form-, Spritz- oder Druckguß (Bild 2.5 u. 2.6) unter Beachtung der Festigkeitsansprüche zu erstellen. Der Konstrukteur muß sich vorher ausführlich über die sich anbietenden Gestaltungsmöglichkeiten unterrichten [14]. Bei Schmiedeteilen großen Ausmaßes, die frei geschmiedet werden, braucht man auf den Formänderungswiderstand nicht so sehr Rücksicht zu nehmen wie bei Gesenkschmiedestücken. Auf fertigungsbedingte Werkstückgenauigkeit ist besonders zu achten. Auch das Auf- und Ab-

---

[1] In DIN 7168 sind Richtwerte für spangebende Fertigung festgelegt; desgleichen für Gußstücke in DIN 1683, 1684, 1686 und 1687 sowie in DIN 7715 für Gummiteile und 7710 für Kunststoff-Formteile. Sie sind Ausgangspunkt für betriebsinterne Richtlinien.

22

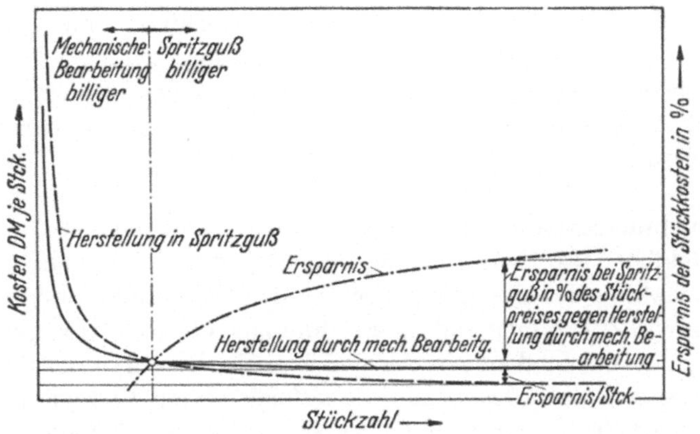

Bild 2.5. Kostengegenüberstellung bei der Herstellung von Teilen durch mechanische Bearbeitung oder Spritzguß in Abhängigkeit von der Stückzahl

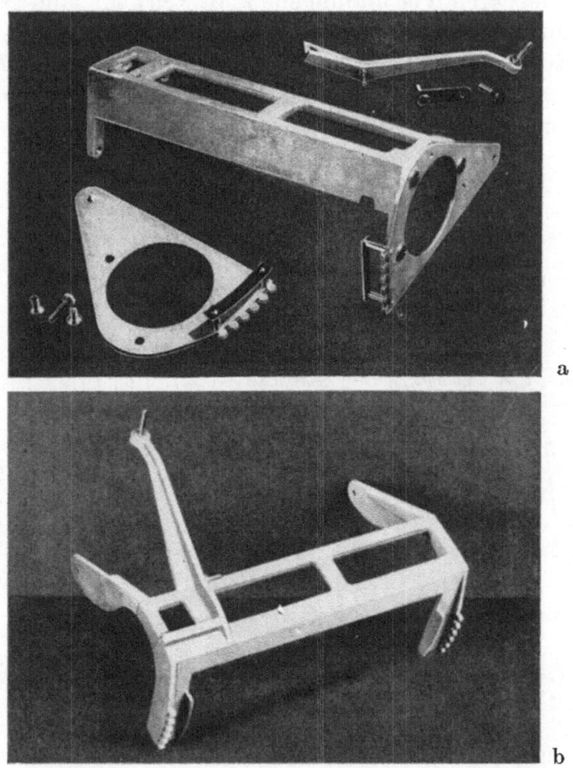

Bild 2.6. Farbbandträger aus 21 Teilen zusammengesetzt (a) und aus Druckguß in einem Stück mit eingesetzten Stiften (b)

spannen von Bauteilen an den Werkzeugmaschinen und die Möglichkeiten der Bearbeitung lassen sich bei entsprechender Konstruktion
wesentlich erleichtern. Eine enge Zusammenarbeit zwischen Konstrukteur und Arbeitsvorbereiter führt immer zu fertigungsgerechten Konstruktionen.

**2.1.3. Zeichnungssystem, Sachnummerung, Konstruktions- und Ferti-
gungsstückliste** [15]. Zwischen dem Aufbau eines *Zeichnungssystems* und
der Abwicklung der Fertigung besteht eine Wechselwirkung. Die Verwendung von Zusammenstellungszeichnungen erschwert die gleichzeitige
Bearbeitung verschiedener in der gleichen Zeichnung dargestellter Bauteile. Sie ist schlechter lesbar und kann leicht durch Maßverwechslungen
bei der Bearbeitung der Teile zu Ausschuß führen. Das alles vermeidet
das Einzelteilblattsystem, und es erspart den mit jeder neuen Zeichnung
verbundenen Aufwand der erneuten Bearbeitung in Konstruktion, Verwaltung, Arbeitsvorbereitung und Betrieb. Dargestellt wird im Einzelteilblatt ein einzelnes Bauteil, eine Bauuntergruppe oder eine Baugruppe
im zusammengebauten Zustand und ein zusammengebautes Erzeugnis.

Bei nicht lösbaren Verbindungen, z. B. Schweiß- und Nietkonstruk-
tionen, kann mit Zusammenstellungszeichnungen gearbeitet werden.
Hier das Einzelteilblatt zu verwenden, wäre unzweckmäßig. Ferner
sollten, wo angängig, Sammelzeichnungen (Sortenzeichnungen nach
DIN 199) zur Anwendung kommen.

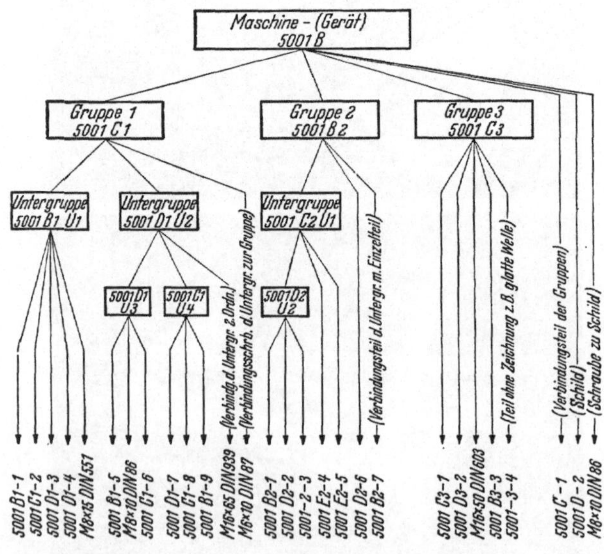

Bild 2.7. Einzelteil-, Untergruppen- u. Gruppenaufbau einer Maschine entsprechend dem Baukastensystem und Benummerung der Zeichnungen, wenn die 1. Zahl die Erzeugnisgruppe, z. B. Papier-
maschinen, die 2. Zahl die Art, also z. B. Holländer, und die 3. und 4. Zahl die eigentliche Ausführung,
z. B. Transmissionsantrieb usw., festlegt. Die Buchstaben geben die Zeichnungsgrößen entsprechend
DIN 823 an. Fehlt diese Angabe, so ist für das Teil keine Zeichnung vorhanden

Von dem Begriff der Zeichnungsnummer sollte man sich grundsätzlich lösen und statt dessen nur noch von *Sachnummern* sprechen. Primär ist nicht die Zeichnung, sondern das gefertigte Bauteil.

Welches Sachnummernsystem man verwenden will, hängt von der Art der Fertigung ab. Man unterscheidet ganz allgemein Klassifizierungs- und Identifizierungsnummern. Man kann sie auch miteinander verbinden oder Zählnummern anhängen.

Der Zählnummer als Identifizierungsnummer wird man dort den Vorzug geben, wo Erzeugnisse in großen Stückzahlen wiederkehrend gefertigt werden, also in der Massenfertigung. Dort können alle Teile über die Identschlüsselzahl zusammengeführt werden. Ein Beispiel zeigt Bild 2.7.

In der Einzel- oder kleinen Serienfertigung dagegen muß man eine sprechende Sachnummer, also eine Klassifizierungsnummer verwenden. Nur dann ist die Gewähr gegeben, Teilefamilien erkennen zu können. Die Durchführung von Arbeits- und Zeitstudien ist nur dann lohnend, wenn entsprechende Stückzahlen vorliegen oder wenn ein Sachnummernschlüssel Teilefamilien zusammenführt.

Folgender Sachnummernschlüssel der Einzel- und Kleinserienfertigung sei als Beispiel erwähnt:

```
1.    2.    3.    4.            Ordnungsbegriff
XX · XXX  XX -  XXXX           11stellige Sachnummer
 |    |         |_____________ Zählnummer
 |    |    |__________________ Teileart
 |    |_______________________ Baugruppe
 |___________________________ Erzeugniskennziffer
```

Die Stellenzahl eines Sachnummernschlüssels soll nicht zu groß sein, um die Sachnummer schnell schreiben und lesen zu können. Bei der Arbeit mit einer elektronischen Datenverarbeitungsanlage werden durch eine lange Sachnummer teuere Speicherstellen belegt, was kostenerhöhend wirkt. Andererseits muß die Sachnummer so aufgebaut sein, daß sie einige Jahrzehnte kompromißlos verwendet werden kann.

Zwischen diesen Möglichkeiten liegt der für ein Unternehmen geeignetste Sachnummernschlüssel.

Es muß auch zur Bedingung erhoben werden, daß die Stellenzahl eines Sachnummernschlüssels sowohl Konstruktionsteile als auch Vormaterial, Normteile und Hilfs- und Betriebsstoffe erfassen kann.

Eine einmal festgelegte Sachnummer für ein Konstruktionsteil muß bis zur Auslieferung des Teils an den Kunden und auch im Ersatzteildienst beibehalten werden.

Die *Konstruktionsstückliste* entsteht während der Konstruktion der Baugruppe. Aus fertigungstechnischen Gründen wird in einer Stückliste immer eine Baugruppe dargestellt. Eine Baugruppe wird in der Regel also nach technischen Gesichtspunkten aufgebaut, es können aber auch kalkulatorische Überlegungen maßgebend sein.

Die Konstruktionsstückliste wird zur Aufgabestückliste, wenn sie um die auftragsgebundenen Daten und die Angaben zur Materialbereitstellung ergänzt wird. Der Vordruck muß dieser zweifachen Aufgabenstellung entworfen werden.

Es gibt verschiedene Stücklistenarten. Da die Stückliste einer der wichtigsten Datenträger ist, und die Aufgabenstückliste die Fertigung auslöst, muß sie spezifisch den Erfordernissen des Betriebes entsprechen. Bild 2.8 zeigt eine Typenstückliste. Sie ist in Verbindung mit Bild 2.7 zu lesen. Eine Strukturliste, wie sie in der Einzelfertigung zur Anwendung kommt, zeigt Bild 2.9. Sie enthält im letzten Feld Angaben über die Disposition des Werkstoffes, wie er der Fertigung zur Verfügung gestellt wird.

Mit dem ständigen weiteren Vordringen der Datenverarbeitungsanlagen auch in den betrieblichen Bereich fällt der Sachnummer und der Aufgabenstückliste eine erhebliche Bedeutung zu. Erfahrungsgemäß müssen beide neu konzipiert werden, sollen sie den dabei gestellten Aufgaben entsprechen und nicht den Wirkungsbereich der Datenverarbeitungsanlage blockieren.

2.2. Wirtschaftlicher Stoffeinsatz

Unter Stoffen versteht man in Übereinstimmung mit dem Sprachgebrauch der Betriebswirtschaft: Werkstoffe, wie z. B. Werkzeugstahl, Hartholz; Halbzeuge, wie Rundstahl 32 DIN 670 S 20 K; Normteile, wie Zylinderschrauben M 8 × 20 DIN 84 − 5 D verzinkt mit 6 bis 10 μm Schichtdicke; sonstige bezogene Gegenstände und Hilfs- und Betriebsstoffe der verschiedensten Art. Nach technologischen Gesichtspunkten ist eine Unterteilung in Eisen-, Nichteisenmetalle, Kunststoffe, Steine und Erden, Holz, Textilien usw. möglich.

Als Fertigungsmaterial werden Stoffe, Teile und bezogene Gegenstände bezeichnet, die z. B. laut Stückliste für einen bestimmten Auftrag (Kundenauftrag oder innerbetriebliche Leistung) erfaßt und angerechnet werden.

Von Hilfsstoffen spricht man, wenn die unmittelbare Anrechnung wegen zu großer Erfassungs- und Abrechnungsschwierigkeiten unzweckmäßig ist. Sie gehen z. B. als Schweißmittel, galvanische Niederschläge, Rostschutzmittel, Kernstützen usw. in das Erzeugnis über.

Betriebsstoffe, wie Kleinwerkzeuge, Werkzeugstähle, gehen nicht in das Erzeugnis über oder werden wieder von ihm entfernt, wie z. B. Form- und Kernsande, Glühmittel usw., sind also nicht für einen bestimmten Auftrag anrechenbar.

Lfd. Nr. 1	Benennung 2	Zeichnung DIN Nr. 3	Gehört zu 4	Stück Einheit 5	Stück Auftrag 6	Werkstoff 7	Rohmat. Modell Nr. 8	Gewicht roh 9	Gewicht fertig 10	wiederholt in 11	Zuschl. 12	Bestellmenge je Auftrag 13	Bemerkung (Fremdbezug F) 14
1	Leimauftrag-Maschine	5001 B		1	2								
2													
3	Getriebe	5001 C1		1	2								
4													
5	Lagerbock	5001 B1 U1		2	4								
6	Gehäuse	5001 B1-1		1	2	GG 26	5001-1-1M	2,3	1,9		0%		
7	Abdeckblech	5001 C1-2		2	4	St. 00.12	50×200×1,5	0,11	0,09		20%		
8	Lagerschalen	5001 D1-3		1	2	Rg 10	5001-1-3M	1,3	1,1		0%		
9	Nutmuttern	5001 D1-4		2	4	St. 37.12 DIN 668	80$^\Phi$×25 lg	1,0	0,35		10%		
0	Schrauben	M8×15 DIN 551		4	8	g 4 D					5%		F
1													
2		5001 D1 U2											
3		5001 D1 U3											
4		5001 B1-5											
5		M8×10 DIN 86											
6		5001 C1-6											
7		5001 C1 U4											
8		5001 D1-7											
9		5001 C1-8											
0		5001 B1-9											

Änderungen					Stückliste zu: Leimauftrag-Maschine		Geschrieben:	Ersatz für:	Blatt 1 von 5 Blatt
Buchstabe	Lfd. Nr.	Name, Tag	Buchstabe Lfd. Nr.	Name, Tag			Geprüft: 2×	Auftrags-Nr.	Stücklisten-Nr. 5001

Bild 2.8. Stücklistenblatt: Für die Einzelfertigung entfällt Spalte 11; für wiederkehrende Serienfertigung, bei der die Weiterbearbeitung für Materialbeschaffung in Form von Halbzeug-Normteillisten (vgl. Tabelle 2.8) erfolgt, bleibt Spalte 11, und es entfallen 12 und 13. Spalte 1 wird vorgedruckt. Bei umfangreichen Stücklisten wird dann nur vor die Zahlen „1" und „0" noch 1, 2, 3 usw. als Zehnerzahl gesetzt

Menge		Benennung	Sachnummer Zeichnung/Norm	Werkstoff	Pos.-Nr.	Rohteilsachnummer Rohabmessung/B.-Nr.	Be-schaffg.
(1)	(2)	Kegelradgetriebe	C 90.00500 – 0014		000		NH
1	2	Kegelradgehäuse	E 90.00501 – 0008		001	90.00501 0006	WH
1	2	Antriebswelle	E 90.00576 – 0023	MSt 50-2 Rd 50	002	01.12060 – 0070 288	VR
1	2	Antriebskegelrad	E 90.00580 – 0007	41 Cr 4 V	003	00.21503 – 1690	BF
1	2	Paßfeder A 10×8×32	06.29070 – 4712 DIN 6885	St 60 K	004	06.29070 – 4712	VF
1	je Getriebe	Kegelradgetriebe		C 90.00500 – 0014		Werk-Nr. 123456	
2	Auftrag					Baugr.-Nr. 0050	
3							

Bild 2.9. Stückliste der Einzelfertigung

Allgemein pflegt das Fertigungsmaterial wertmäßig bedeutsamer zu sein als Hilfs- oder Betriebsstoffe, immer aber bilden folgende Gesichtspunkte die Grundlage einer richtigen Materialwirtschaft:

1. Auswahl des bei gleichem Ergebnis billigsten und leichtest verfügbaren Ausgangswerkstoffes.

2. Beschränkung der Stoffarten und Abmessungen auf das kleinstmögliche Maß.

3. Weitgehende spanlose Umformung statt Herausarbeiten aus dem vollen Werkstoff.

4. Vermeiden überflüssigen Verschnittes und Abfalls. Richtige Sammlung und Wiederverwendung der Abfälle.

5. Niedrighalten des Ausschußprozentsatzes durch technische Prüfmethoden und Verlustquellen kontrollierende Aufwandsrechnung.

6. Planvolle Prüfung, Bereitstellung, Speicherung der Vorräte unter Berücksichtigung kaufmännisch-wirtschaftlicher Zusammenhänge.

Heute gewinnt die Betrachtung im Sinne der A-B-C-Analyse des Fertigungs- und Hilfsmaterials ständig an Bedeutung. Darunter versteht man die Aufgliederung nach den Materialkosten und dem Verwaltungsaufwand. Ein Beispiel soll das erläutern:

Gliederungs- fall	anteilige Menge des Materials	anteilige Kosten
A	5 %	70 %
B	30 %	25 %
C	65 %	5 %

Aus dieser Analyse folgt, daß bei der Bevorratung des Materials ein unterschiedlicher Maßstab angelegt werden muß. Auch die Verwaltungsarbeiten sind darauf abzustellen, wenn man rationell wirtschaften will.

Man wird leichter das nötige Verständnis für eine wirtschaftliche Materialausnutzung finden, wenn sich alle mit Planungs-, Steuerungs- und Ausführungsarbeiten betrauten Mitarbeiter einmal darüber klar geworden sind, wie sich der Absatzwert einer Produktion zusammensetzt. Aus Bild 2.10 ersieht man den durchschnittlichen Lohn-, Kapital- und

Industriegruppen	Vom Absatzwert der Produktion entfallen in v.H.		
Feinmechanik und Optik	38	37	25
Elektroindustrie	31	39	30
Maschinenbau	30	36	34
Glaserei-Industrie	30	34	36
Stahl- und Eisenbau	30	24	46
Metallwarenindustrie	26	34	40
Fahrzeugindustrie	20	26	54
	Lohn	Kapital	Material

Bild 2.10. Durchschnittliche Lohn-, Kapital- und Materialanteile der Erzeugnisse verschiedener Industriezweige

Materialanteil der Fabrikate einiger Industriezweige, wobei im linken Feld Löhne, Gehälter, Tantiemen usw. eingesetzt sind. Das mittlere Feld enthält Verzinsung und Tilgung des umlaufenden sowie stehenden Kapitals, und unter Materialwert sind der Einkaufspreis der eingesetzten Vorprodukte, wie Roh-, Hilfs- und Betriebsstoffe, bezogene Halb- und Fertigfabrikate sowie verbrauchte Energien eingesetzt.

In der stoffbereitenden Industrie spielt die ablauf- und kostenmäßige Erfassung aller Einsätze, Veränderungen und der Ausbringung eine noch größere Rolle als in der meist lohnintensiven verarbeitenden Industrie. Stoff-Flußbilder, ähnlich Bild 2.11, geben einen guten Überblick, wobei man Beobachtungs- und Meßstände mit Waagen sowie dort verwendete Stoffeinsatz- oder Stoffausbringungs-Aufschreibungen durch entsprechende Symbole kennzeichnet [16].

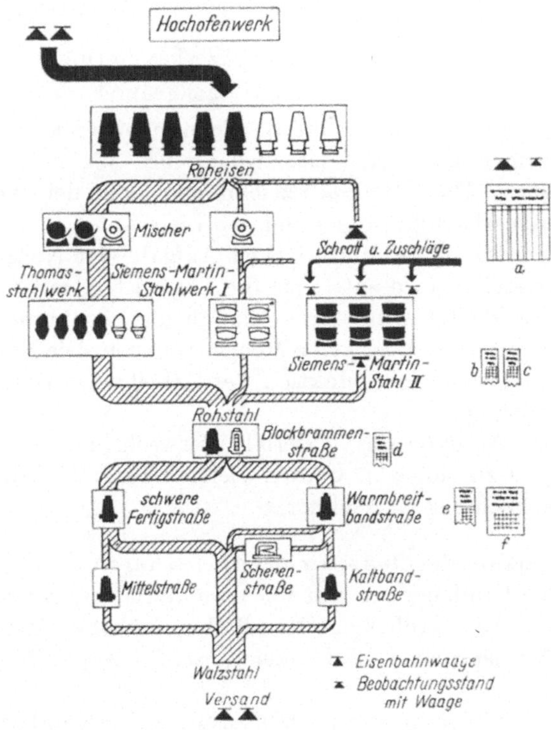

Bild 2.11. Stoff-Flußbild. Auf der rechten Seite (Siemens-Martin-Stahlwerk II) sind Beobachtungs- und Meßstände ergänzt, die der mengenmäßigen Erfassung dienen. *a* Siemens-Martin-Schmelzbericht, *b* Gießbericht, *c* Block-Rohrbrammenbericht, *d* Block- und Teilblock-Laufkarte, *e* Kommissions-Begleitkarte, *f* Schmelzen-Laufkarte

2.2.1. Werkstoffkennzeichnung (Materialschlüssel).
Für die eindeutige Kennzeichnung von Materialien braucht man Materialsachnummern. Ohne sie ist die Materialdisposition erschwert. DIN-Normen, Werksnormen oder sonstige Bezeichnungen reichen nicht aus, da sie durcheinanderlaufen und damit eine werksinterne Ordnung ausschließen.

Die Notwendigkeit zur Einführung eines Materialschlüssels wächst, wenn mit Lochkarten gearbeitet werden soll. Beim Einsatz von Datenverarbeitungsanlagen ist ein Materialschlüssel unerläßlich.

Zunächst sollte man Sachgruppen bilden, z. B. Stahl-Eisen, Schwermetalle, Leichtmetalle usw., und danach diese Gruppen untergliedern. Unter Anlehnung an das in Abschnitt 2.1.3 Gesagte würde sich dann z. B. folgender Schlüssel anbieten:

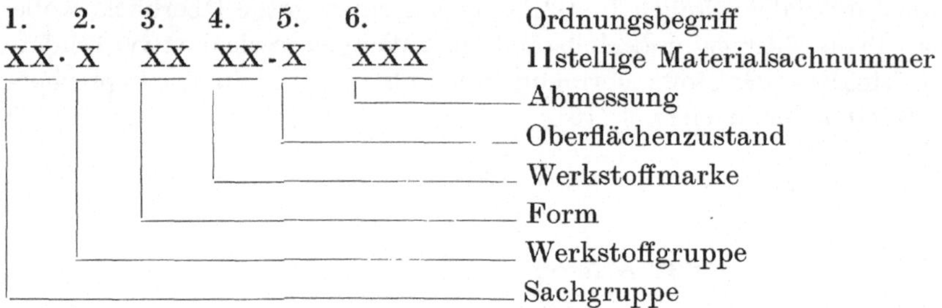

Die Verschlüsselung schließt die Bezeichnung des Materials nicht aus. Die Sachnummer ist Identifizierungsnummer für alle maschinellen Rechenvorgänge. Die Materialbezeichnung dient der Verständigung zwischen den Werksangehörigen und den Lieferanten.

Die Verschlüsselung des Materials ist Aufgabe der Normenabteilung. Aus den Schlüsselblättern entstehen die Lagerlisten, mit denen in allen Abteilungen gearbeitet wird. Sie enthalten die Sachnummern und die Materialbezeichnungen, aber keine Mengenangaben. Die Bevorratung ist je nach Organisation eine Funktion der Arbeitsvorbereitung oder der Materialverwaltung.

Um bei der Ausgabe des Materials Verwechslungen besonders bei Profilstählen auszuschließen, werden vielfach zusätzlich die Stirnseiten der Profile farblich gekennzeichnet.

2.2.2. Beschränkung der Stoffarten und Abmessungen. An die Beschaffung bisher nicht vorhandengewesenen Vorratsmaterials ist ein strenger Maßstab anzulegen. Allzu großzügige Handhabung führt zu Lagerhütern, die Lagerraum beanspruchen und unerwünschte Kapitalbindungen zur Folge haben.

Die Organisation muß so aufgebaut sein, daß erkennbar ist, wer die Aufnahme neuen Vorratsmaterials veranlaßte. Die aufgebende Abteilung muß später bei der Abschreibung von Lagerhütern die Kosten tragen. Nur auf diese Weise werden unüberlegte Bestellungen verhindert.

Um dem Konstrukteur das Aussuchen des geeigneten Werkstoffes aus Handbüchern, DIN-Blättern und Lieferantenrichtlinien zu erleichtern, empfiehlt sich die Benutzung eines Werkstoffauswahlblattes (Tabelle 2.3), das z. B. für die Maschinenindustrie anhand von DIN 17100/17200 und 17175 aufgestellt wird. Die Auswahlliste gibt die Kurzbezeichnung nach DIN, die Werkstoffnummer, Farbkennzeichnung, die physikalischen

Werte, Zerspanungs- und Schweißeigenschaften, Richtlinien für Wärmebehandlung usw. an. Angaben über Preisverhältnisse sind besonders in Großbetrieben erwünscht.

Tabelle 2.3. Gußwerkstoffe — Auswahlreihe mit Preishinweis

Werkstoffart		Marktbezeichnung			DIN Blatt	Brinellhärte HB	Zugfestigkeit σ_B in N/mm²	Bruchdehnung in %	RelativPreis
		Bezeichnung nach DIN 17006	Bezeichnung nach Stahleisenliste	Werkst.-Nr. nach DIN 17007					
Grauguß	Normal	GG-12	GG-12	0.6012	1691				
		GG-18	GG-18	0.6018	1691	140	150	0	1
	Hochwertig	GG-22	GG-22	0.6022	1691	| 220	| 250		
		GG-26	GG-26	0.6026	1691				1,1
	Kugelgraphitguß	GGG-40	—	0.7040		170	400	15	1,8
		GGG-50		0.7050		|	|	|	|
		GGG-60		0.7060		|	|	|	|
		GGG-70		0.7070	1693	|	|	|	|
		GGG-80		0.7080		260	800	2	2
Stahlguß	Normal	GS-38	GC-15	1.0416	1681				
	Warmfest	GS-C25	GC-25	1.0619	17245	140 | 180	450···600	20···22	2,4
		GS-22 Mo 4	GS-22 Mo 4	1.5419	17245				
		GS-22 C Mo V 32		7714					
Temperguß	Handelsüblich	GTW-35	—	—	1692	220	340···420	6···3	2
	Hochwertig	GTW-40	—	—	1692	220			
Hartguß		GH-50	—	—		450	—	0	1,3

Muß aus konstruktiven Gründen Werkstoff verwendet werden, der nicht lagerhaltig ist und dessen wiederholte Verwendung fraglich ist, dann ist ein solches Material zweckmäßigerweise für den betreffenden Auftrag direkt zu beschaffen. Man spricht in solchen Fällen von Bestimmungsmaterial.

2.2.3. Materialfestlegung für das Einzelteil. Die Materialangaben für alle zu bearbeitenden Bauteile erscheinen in der Konstruktionsstückliste und mit ihren Abmessungen in der Aufgabestückliste (vgl. Abschnitt 2.1.3). Den Konstruktionsabteilungen sollten Arbeitsvorbereiter als Aufgeber beigegeben werden, die die Rohmaße nach fertigungstechnischen Gesichtspunkten festlegen und in die Aufgabestückliste eintragen. Eine geregelte Materialwirtschaft verlangt eine Stückliste mit allen Materialangaben.

Bei solcher Handhabung decken sich die Materialangaben im Kopf des Arbeitsplanes mit denen in der Aufgabestückliste. Vom Arbeitsplan werden sie dann in die Materialkarte übernommen.

Bild 2.12 zeigt einen Arbeitsplankopf analog zu Bild 2.8 und Bild 2.13 einen solchen zu Bild 2.9.

Firma	Arbeitsplan (Teilefertigung)	Kostenträger 58	Einr Zuschl. Stck.: 18	Lauf. Aussch. % 2 / Wirtsch. Mindestmg. 100	Gew. je Tfl. 62,8 kg; Verlust: 20 mm	Stückzahl: Lief.: 150 Best.: 163 / Auftragsnummer: 58.718-48.
Blatt v. Blatt 1 1	Teilbenennung Kabelhalter	Wkst. Bezeichng. DIN	Blech 4 mm DIN 1542		Teillänge 20 "; Abstechbreite – "; Bearbeitungszugabe – "	Strf.: 271,6 × 1000 mm je 46 Teile; Tfl.: 1000 × 2000 mm je 7 Strf.
Geschr./Tag	Zeichnungs Nr. 5001 D1-7	Festigkeit Gattierung	St. I.23		Teilung ...fach ... "	... m 2,2 Stf. für 100 Teile ... kg; Fertiggewicht: ...

Arb.-gang	Benennung	Kosten-stelle	Maschine	Rüstz. / Faktor	Stückzeit min	Stückzeit 1/100	Faktor Tz min	Vorsch. Spanz.	Schnittg. Umdr.	Betriebsmittel V=Vorrichtg., W=Werkzeug, L=Lehre
1	Streifen 271,6 × 1000 mm schneiden	321	SK 4 × 2000	15	für 100 St.		3,1	—	—	—
				3,1	50	—	17	—	—	
2	Teile 271,6 × 20 mm schneiden	321	SK 4 × 2000	12	für 100 Teile		3,1	—	—	—
				3,1	16	30	37	—	—	

Bild 2.12. Kopffeld des Arbeitsplanes mit Materialausrechnung für ein aus einer Blechtafel geschnittenes Teil

Firma	Typ	Benennung					Sach.-Nr. B 90.02410-0001	
	von/an 1/202/001	Wange					Zeichnungs-Nr.	
Arbeits-plan	Werkstoff R St 37	Form Bl. 20	Rohteilsach-Nr. 01.15222-0420		Länge 5000	Breite 2800	Gruppen-Nr. 0240	Pos.-Nr. 001

Arb.-folge	Kost.-stelle	Arb.-pl.-Nr.	Zuschl.-gr.	Planz.-schl.	L.-gr.	t_r	t_e	Arbeitsgang
010	202	001	050	00	6	5	236	Anzeichen zum Schneiden
								auf Schere
020	202	005	120	00	4	5	100	Schneiden auf Tafelschere

Bild 2.13. Kopffeld eines Arbeitsplanes mit Materialangaben

Wie weit man Felder für Roh- und Fertiggewicht, den Spannverlust, Abstich oder Sägebreite, Bearbeitungszugaben usw. angeben will oder muß, hängt von der Fertigungsstruktur ab. Der Spannverlust tritt auf als Abfallbreite für den Blechniederhalter bei schmalen Streifen an Blechscheren, als Abfall beim Arbeiten mit kombinierten Stanzereiwerkzeugen, als Reststücke bei Arbeiten auf Drehmaschinen oder Automaten mit Spannzangen usw.

Den besonders in der Massenfertigung nicht unerheblichen Einfluß des gleichbleibenden Einspannstückes auf die Werkstoffkosten je Stück bei verschieden langen Stangen zeigt Tabelle 2.4. Ein praktisches Beispiel zur Aufstellung von Richtwerten für Bearbeitungszugaben zwecks Ermittlung der Halbzeugabmessungen und des Rohgewichtes ist Tabelle 2.5. Für die Errechnung des Werkstoffes für den Einkauf müssen außerdem

noch der Verlust beim Einrichten und die Ausschußgefahr bei der
laufenden Fertigung berücksichtigt werden. Eine als Beispiel gedachte
Anleitung dazu gibt Tabelle 2.6. Die Zuschläge selbst werden im Arbeitsplan, getrennt nach einmaligen Verlusten für das Einrichten und laufenden Verlusten für Materialverschnitt und Arbeitsausschuß, unterteilt.

Tabelle 2.4. Einfluß der gewählten Stangenlänge auf die Werkstückkosten [17]

Stangenlänge in m	Zahl der Stücke	Kosten der Stange in DM	Wert des Einspannstücks in DM	Werkstoffkosten in DM	
				Gesamt	je Stück
0,5	4	4,20	0,20	4,—	1,—
1	9	8.40	0,20	8,20	0,91
2	19	16,80	0,20	16,60	0.87

Tabelle 2.5. Ermittlung der Halbzeugabmessungen bei Metallteilen

Maße des Fertigteils in mm	Bearbeitungszugabe* zu d, a oder b in mm		Bearbeitungszugabe in mm				Zugabe für den Abstich der Zentrierbohrung in mm
			zur Länge l des Fertigteils	für Trennsäge	für Abstich		
					gerade	mit Kuppe	
d, a oder b	Z_1 (Drehen)	Z_1 (Schleifen) je nach Länge	Z_2		Z_3		Z_4
10···22	1	0,25	3	3	3	2	5
22···32	2	0,3···0,4			3,5	2,5	7
32···60	3	0,4···0,5	5		4		10
60···100	5	0,5···0,6	5	5	—	—	13
> 100	10	0,7	8	8	—	—	

* Bei gezogenem Halbzeug fallen diese Zugaben weg.

2.2.4. Vermeidung von Verschnitt [18]. Besonders beim Planen des Blech-
bedarfes und der Verwendung von Bandmaterial genügt nicht ein ein-
faches Addieren der Einzellängen zuzüglich des begründeten Aufschlages,
sondern es muß aufgrund von Zuschnittplänen die günstigste Ausnutzung
der Normtafel oder des Blechstreifens festgelegt werden (Bild 2.14 und
2.15).

Hierbei müssen die Abkantungen von Einzelteilen, besonders bei
Blechstärken über 1,5 mm, quer zur Walzrichtung verlaufen. Bei Anordnung von Stanzteilen innerhalb des Blechstreifens gibt es besondere

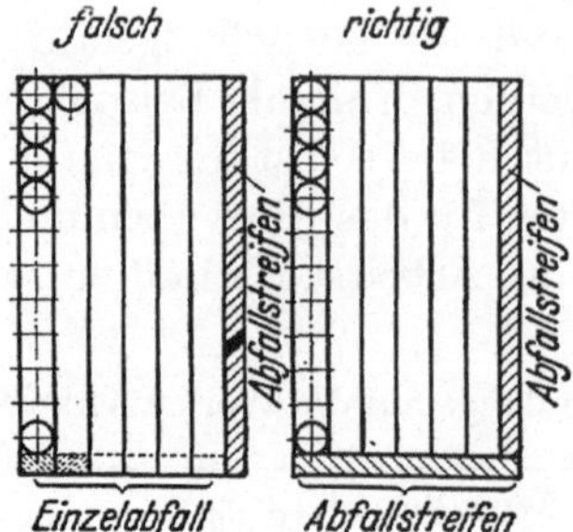

Bild 2.14. Aufteilung von Blechtafeln

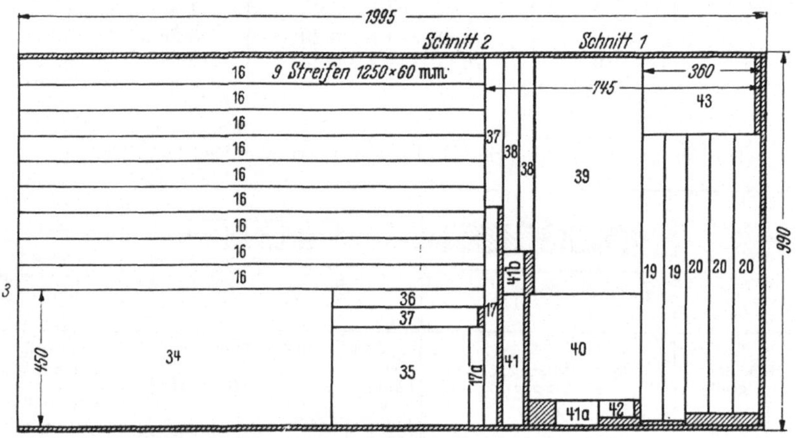

	Pos. Nr.	Zeichnung Nr.	L-Teil Nr.	Strei-fen-zahl	Abmessungen	Gewicht
	16	126—8270	14—20	9	1250 × 60	
	34	126—8319	14—22	1	850 × 450	
Zuschneide-	35	126—3210	12—18	1	350 × 375	
Anweisung 12	36	126—3211	11—19	1	400 × 32	
für L-Teile	37	126—3760	14—19	2	40 × 400 u. 375 × 40	
Type X	38	126—6622	12—33	2	30 × 520	
Baugruppe 126	17	126—3210—11	14—23	2	35 × 590 u. 35 × 375	
für 10 Maschinen	39	126—8263	12—92	1	290 × 630	
Werkstoff:	40	126—8261	12—62	1	295 × 285	
1.0112	41	126—3616	11—22	3	60 × 650, 60 × 70 u. 70 × 60	
Blechstärke: 2,0	42	126—3617	15—9	1	95 × 45	
M = 1:5	43	126—2809	11—16	1	370 × 200	
	19	126—3310	14—7	2	80 × 780	
	20	126—8276	14—28	3	65 × 750	

Bild 2.15. Zuschnittplan und zugehörige Zuschnittanweisung für Blechtafeln zur
Vermeidung von unverwendbaren Abfallstücken

Einsparungsmöglichkeiten, wie die Bilder 2.16 und 2.17 zeigen. Bei Ausstecharbeiten auf Drehmaschinen und Automaten kann durch geeignete Arbeitsverfahren nicht nur Material, sondern auch Zerspanungsarbeit gespart werden.

Tabelle 2.6. Zuschläge in Stück für Einrichteverluste und in % für Ausschuß in der laufenden Fertigung[1]

Toleranzbereich		A (vgl. Angaben unter Arbeitsverfahren)					B					
Anzahl der Arbeitsgänge		1—2		3—5		über 5		1—2		3—5		über 5	
Arbeitsverfahren	Werkstoff	St.	%	St.	%	St.	%	St.	%	St.	%	St.	%
Umformen (Stanzen) Toleranzbereich: A: ab IT 10	Stahl und Metalle	10	0,5	15	1,5	30	2,0	—	—	—	—	—	—
	Hartpapier	15	1,0	20	3,0	—	—	—	—	—	—	—	—
Fräsen Toleranzbereich: A: ab 0,2 mm B: 0,05··· 0,2 mm	Stahl und Metalle	3	0,5	6	1,0	10	2,0	5	0,8	10	2,0	15	3,0
	Guß	3	0,6	4	1,5	7	2,5	3	1,0	6	2,5	10	4,0
	Hartgummi	6	2,0	12	3,0	20	5,0	10	3,0	15	4,0	25	6,0

[1] Zuschläge in Stück (St.) für Einrichteverluste an Maschinen und Werkzeugen bei den einzelnen Arbeitsgängen sind abhängig von dem Arbeitsverfahren, der Anzahl der Maße, der Toleranz usw.

Zuschläge für Verluste durch laufenden Ausschuß in % sind abhängig vom Arbeitsverfahren, der Anzahl der Maße, der Toleranz, der Güte der Maschinen, Vorrichtung, der Standfestigkeit (Zeit) der Werkzeuge und der Werkstückbruchgefahr.

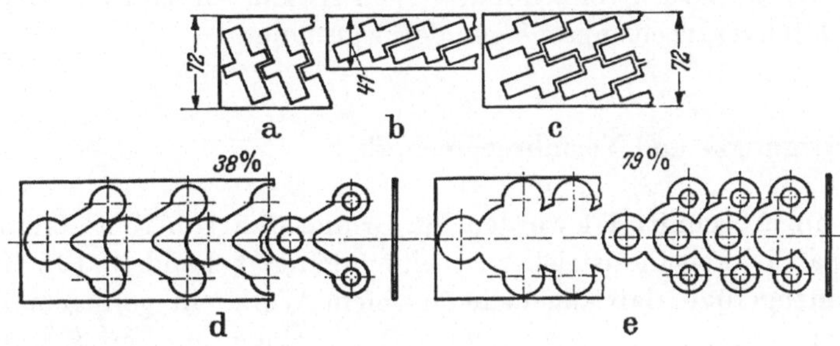

Bild 2.16. Blechstreifenausnutzung
a) Streifenbreite 72 mm, 28 Streifen mit je 32 Stanzteilen,   896 Teile je Tafel;
b) Streifenbreite 41 mm, 48 Streifen mit je 23 Stanzteilen, 1104 Teile je Tafel;
c) Streifenbreite 72 mm, 28 Streifen mit je 44 Stanzteilen, 1232 Teile je Tafel;
d) 38% und e) 79% Materialausnützung

Bei der Abfallverwertung sind besonders die Ausnützung von Blechabfällen in der Massenfertigung, der Wiedereinsatz von Schrott, wie Gußbruch und Tempererz, die Wiederverwertbarmachung durch Reinigung und die sortenrichtige Abfallsammlung zu erwägen. Die Verarbeitung zu verkäuflichen Nebenprodukten gehört ebenfalls hierher.

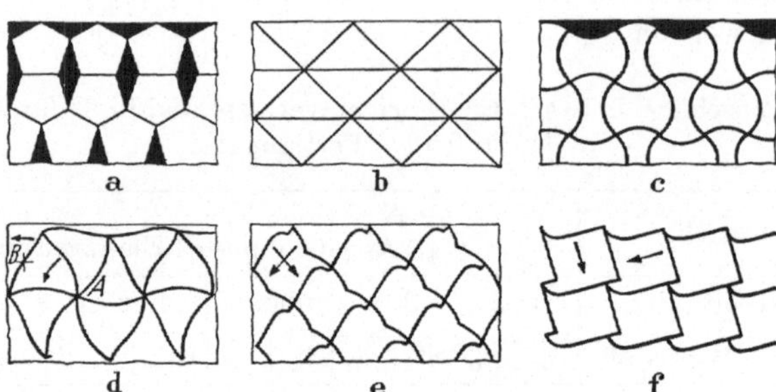

Bild 2.17. Der Weg zum abfallosen Schneiden.
a) Formen mit Abfall; b) und c) spiegelbildliche und kongruente Formen; d) Formen, durch Drehen von Begrenzungslinien um *A* und *B* als Drehpunkte entstanden; e) und f) Formen durch Verschieben der Begrenzungslinie konstruiert

2.2.5. Rohteil-, Halbzeug- und Normteilliste für Aufträge. In der Einzelfertigung ist eine Zusammenfassung des Materialbedarfs nicht möglich, weil die Stücklisten je nach dem Stand der Konstruktion in unregelmäßiger Folge erscheinen. Zwischen der Herausgabe der einzelnen Stücklisten eines Erzeugnisses liegen daher in der Regel größere Zeiträume.

Das erschwert die Materialdisposition. Wo die Art der Fertigung es erlaubt, sollte daher der Versuch unternommen werden, durch eine Stücklistenauflösung Halbzeug, Norm- und Handelsteile zu Losen zusammenzuführen. Tabelle 2.7 zeigt ein solches Beispiel.

Wird die Arbeit manuell durchgeführt, muß die Liste von Hand berichtigt und ergänzt werden. Günstiger ist der Einsatz elektronisch selektierender Maschinen. Speziell für die Arbeitsvorbereitung sei hier auf die ORMIG-Elektronik hingewiesen. Ansonsten sind alle elektronischen Datenverarbeitungsanlagen dafür geeignet.

2.3. Fertigungs- und Verfahrenstechnik

Bereits im Abschnitt 1.4 wurden die Grundsätze von Rentabilität und Wirtschaftlichkeit industrieller Arbeitsvorgänge behandelt [19]. Hier sei noch hinzugefügt, daß allgemein in einem Werk mit geringem Bedarf einfachere Anlagen (Fertigungsmittel), in einem mit großem Bedarf hochentwickelte, sehr leistungsfähige Einrichtungen wirtschaftlicher sind, da diese zwar meist höhere feste aber geringere veränderliche Kosten verursachen. Vielfach kann sich aber auch ein kapitalintensiveres Verfahren für die Grundbeschäftigung als zweckmäßig erweisen, neben dem zum Auffangen besonderer Stoßgeschäfte ein Verfahren mit weitgehender Handarbeit einherläuft. Zu beachten bleibt ferner, daß Anlaufverluste bei einem neuen Verfahren oft hoch sind und den Anschaffungskosten

Tabelle 2.7. Liste der Halbzeuge, Norm- und Handelsteile als Auszug aus
der Stückliste für die Materialprüfung

Bezeichnung (Normbezeichnung, Abmessung, Werkstoff usw.)	Lfd. Nr. der Stückliste / Stückzahl	Benötigte Menge je Maschine			je Auftrag		angefragt	bestellt	geliefert
		Stück	kg	% Zuschlag	Stück	kg			
Normteile									
Senkschraube M 6×18 DIN 87 St phosphat.	11 / 6								
Senkschraube M 6×18 DIN 87 St phosphat.	22 / 3	9		5	950				
Sechskantmutter M 4 DIN 934 St phosphat.	17 / 18	18		5	1900				
Schulterkugellager E 5 DIN 615	10 / 4								
Schulterkugellager E 6 DIN 615	20 / 4	8		5	640				
Splint 1×12 DIN 94 Stahl	21 / 36	36		10	3690				
Splint 1,5×15 DIN 94 Stahl	30 / 240	240		10	26400				
Halbzeug									
⊙ Stahl 12 ⌀ DIN 178 St 60	6 / 12×0,042	0,504	0,525	20	60 m	63			
∟ Stahl 50×50×6 DIN 1028-St 37-2	17 / 2×0,032	0,064	0,286	20	8 m	36			
Blech 1 mm stark 260×90 St 37-2	149 / 9×0,0234	0,047 m²	0,376	20	6 m²	48			
Blech 3 mm stark 90×180 St 37-2	145 / 0,017 m²								
Blech 3 mm stark 90×180 St 37-2	26 / 0,0035 m²	0,024 m²	0.576	20	3 m²	72			

zugeschlagen werden müssen und daß eine Verkürzung der Materialdurchlaufzeit bei Anlagen mit kürzeren Herstellungszeiten nicht uner-
hebliche Zinseinsparung bringt. Außerdem darf nicht übersehen werden,
daß Einsparungen an Arbeitszeit und damit Arbeitskräften wiederum
Ersparnis an Wasch- und Ankleideräumen, geringere Verwaltungskosten,
Ersparnis an Siedlungsbauten usw. bringen. Es ist daher immer zweckmäßiger, eine Ausweitung der Erzeugung nicht durch Erweiterungs-
bauten und mehr Maschineneinsatz, sondern durch Rationalisierung der
Fertigung, bessere Arbeitskraftauswertung, Abstellung unproduktiver
Arbeiten, Verkürzung der Handzeiten, besseres organisatorisches Zu-
sammenspiel und Einrichtung von Fließfertigungen und Automatisierung
vorzunehmen.

2.3.1. Industrielle Produktionstechnik. Hierzu gehören sowohl die Verfahren der Fertigungs- als auch der Verfahrenstechnik nebst ihrer wirtschaftlichen Durchführung. Es handelt sich um ein auf empirischer Grundlage gewachsenes Wissensgebiet von außerordentlicher Vielfalt. Man ist zur Zeit bemüht, einheitliche Benennungen und Begriffsbestimmungen dafür zu schaffen [20].

Einen Anhalt für die begriffliche Aufgliederung der Fertigungstechnik gibt die Tabelle 2.8 in knapp gefaßter Form, auf der Grundlage folgender Normblätter:

DIN 8580: Begriffe der Fertigungsverfahren,
DIN 8582: Umformen (Gruppe 2),
DIN 8583 bis 8587: Untergruppen der Gruppe 2,
DIN 8588: Zerteilen (erste Untergruppe der Gruppe 3 ,,Trennen''),
DIN 8589: Spanen (zweite Untergruppe der Gruppe 3 ,,Trennen''),
DIN 8593: Fügen (Gruppe 4 der Fertigungsverfahren).

Tabelle 2.8. Einteilung der Fertigungsverfahren

Zusammenhalt			
schaffen	beibehalten	vermindern	vermehren
Formschaffen	Formändern		Formergänzen
1. *Urformen* z. B. durch Kondensieren Gießen Elektrolyse Sintern	2. *Umformen* durch Druck, Zug. Biegen, Verdrehen usw.	3. *Trennen*[1] Zerteilen, Spanen, Abtragen usw.	4. *Fügen*[2] Einpressen, Falzen, Löten, Schweißen usw.	5. *Beschichten* z. B. durch Anstreichen Aufspritzen Aufschweißen Aufdampfen Galvanisieren Emaillieren
	6. *Stoffeigenschaft ändern durch*		
	Umlagern	Aussondern von Stoffteilchen	Einbringen	
	z. B. Härten Anlassen	z. B. Entgasen Entkohlen	z. B. Aufkohlen Nitrieren	

[1] Für die Benummerung von Fertigungsverfahren oder zugehörigen Werkzeugmaschinen kann Trennen weiter in 3.1 Zerteilen (abfallos) von Blechen, Ausklinken, Schlitzen, Brechen von Stangen usw. unterteilt werden; 3.2 spanende Formgebung, a) Schneide geometrisch bestimmt: Drehen, Hobeln, Meißeln, Stoßen, Bohren, Reiben, Fräsen, Sägen, Feilen usw.; b) Schneide unbestimmt: Schleifen, Polieren, Honen, Läppen, Strahlen, Trommeln usw.; 3.3 Abtragen: Elektroerodieren, Polierätzen usw.

[2] Weitere Unterteilungen erfolgen beim Fügen Stück mit Stück: a) Lösbar: Verschrauben, Verpressen, Binden, Flechten; b) nicht lösbar: Nieten, Schweißen, Löten, Kleben, Leimen, Bördeln, Einwalzen, Falzen. Beim Fügen Stück mit Schicht: Gußplattieren, Walzplattieren.

Zur Fertigungstechnik gehören somit vor allem auch die Verfahren zur Gestaltung von Werkstücken mit Hilfe maschineller Werkzeuge (Werkzeugmaschinen) und deren Zusammenbau zu Erzeugnissen.

Durch die Verfahrenstechnik werden neue Stoffe mit definierten chemischen und physikalischen Eigenschaften gewonnen durch Analyse und

Synthese naturgegebener Stoffe. Hierzu dienen vorwiegend die Verfahren Trennen und Vereinen;

fester Einsatz, z. B. Sortieren, Setzen, Sichten, Sieben, Filtern, Zerkleinern, Lösen, Schmelzen;

flüssiger Einsatz, z. B. Teilverdampfen, Ausfrieren, Destillieren, Rektifizieren, Extrahieren, Elektrolyse.

Zur Verfahrenstechnik zählen u. a. Grundstoffindustrie und Bergbau, ihr hauptsächlichstes Hilfsmittel ist die Apparatur.

Für die Auswahl der Verfahren selbst sind, sofern man die technisch mögliche und für den arbeitenden Menschen Gesundheit und Sicherheit gewährleistende Durchführung voraussetzt, allgemein maßgebend: Geometrische Form und Größe der Erzeugnisse, ihre Güte (Qualität) und zu fertigende Stückzahlen. Form und Genauigkeit bedingen sich oft gegenseitig, ebenso beeinflußt die geforderte Genauigkeit die Mengenleistung je Zeiteinheit. Wesentlich ist noch, daß ein Fertigungsverfahren möglichst ohne Zwischenstufen das verkaufsreife Erzeugnis ergeben soll.

2.3.2. Fertigungsaufgabe [21]. Die Fertigungsaufgabe wird durch den Konstrukteur in der Zeichnung im Einzelfall festlegt. Bei einem vielverzweigten Fertigungsprogramm ist es zweckmäßig, sich einen Überblick über die Teilefertigung zu verschaffen. Beim Vorhandensein einer entsprechenden Sachnummer ist die Auswertung unter Verwendung von Lochkarten herbeizuführen. Wenn anstelle der normalen Lochkarten Filmsortkarten (das sind Lochkarten, in die ein Diapositiv der Zeichnung eingeklebt ist) benutzt werden, ist die statistische Erfassung leicht zu jeder Zeit möglich.

Man kommt dann zu einer technologischen Einteilung, z. B. nach Bolzen und bolzenartigen, flanschen- und buchsenartigen (Bild 2.18),

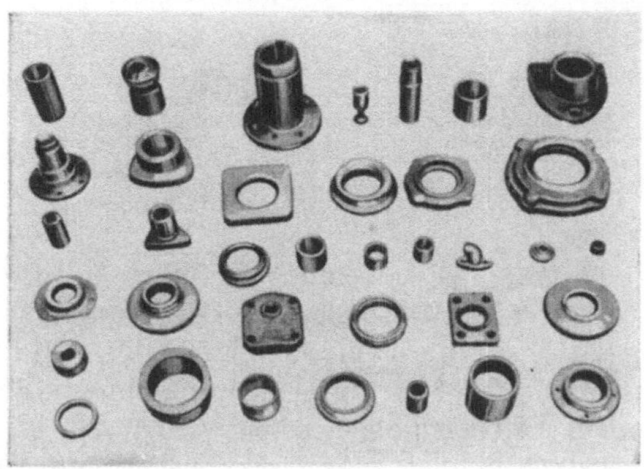

Bild 2.18. Flanschen- und buchsenartige Teile als gleichartige
Fertigungsaufgabe zusammengefaßt (Teilefamilie)

hebel- und gehäuseartigen Teilen usw., die grundsätzlich gleichartige Fertigungsverfahren zu ihrer Herstellung erfordern. Wird nun durch

Zusammenfassen ähnlicher Werkstücke diese Ordnung auch für den Fertigungsablauf in den Werkstätten übernommen, so kommt man entsprechend dieser Teilefamilien-Fertigung (Bild 2.19) auch zu Fertigungsstraßen, wobei es dann oft infolge Wegfalls der Rüstzeiten (die Bearbeitungsmaschinen haben für alle die Bearbeitung einer Teilefamilie erforderlichen Werkzeugsätze) für jedes Einzelteil gleichgültig (oder kostenmäßig fast uninteressant) ist, ob über eine solche Gruppenfertigungsstraße Aufträge kleinerer oder größerer Stückzahl laufen. Aber auch in der Fertigungsplanung können durch Zusammenfassung der einmal zu erstellenden Ablaufpläne für eine Teilefamilie Arbeit und der Spezialwerkzeuge und Sondereinrichtungen in einer Grundvorrichtung mit auswechselbaren Einsätzen Kosten gespart werden.

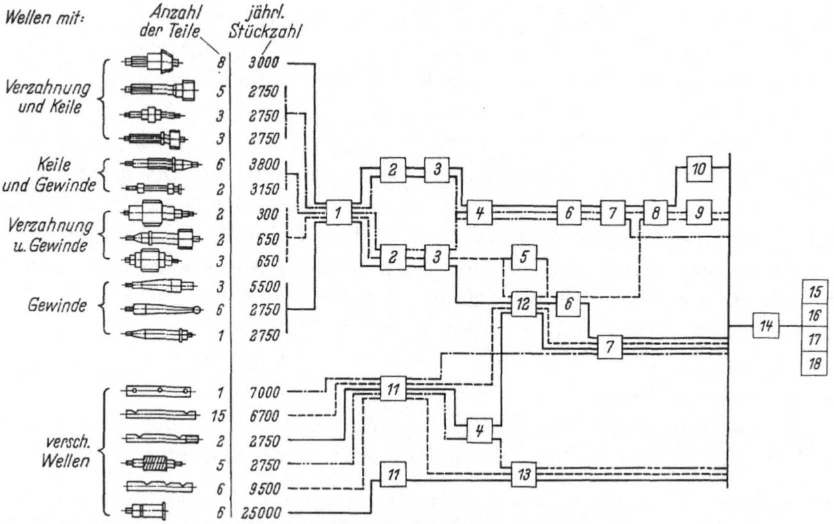

Bild 2.19 Zusammenfassung von Wellen zu einer Fertigungsaufgabe und Aufstellung der Maschinen zu Fertigungsstraßen (nach E. Bröoner)
1 Zentriermaschine, *2* hydraulische Kopierdrehmaschine, *3* Fertigdrehmaschine, *4* Keilwellenfräsmaschine, *5* Keilnutenfräsmaschine, *6* Gewindefräsmaschine, *7* Bohrmaschine mit 3 Drehzahlen, *8* Rundschleifmaschine, *9* Stoßmaschine für Zahnräder, *10* Zahnradfräsmaschine, *11* Revolverdrehmaschine, *12* Universalfräsmaschine, *13* hydraulische Rundschleifmaschine, *14* Kontrolle, *15* Wärmebehandlung, *16* Schleifen, *17* Schlußkontrolle, *18* Zwischenlager

Dies trifft grundsätzlich auch für die Verfahrenstechnik zu, wenn z. B. in der Papierindustrie Aufträge gleicher Papierqualität (m²-Gewicht, Farbe, einseitigglatt) über die Papiermaschine laufen und dann erst im Rollen- oder Querschneider, bzw. über Feuchtmaschine, Kalander, Prägekalander usw. nach Aufträgen abgewickelt werden.

Zu prüfen ist jedoch in allen Fällen, ob die Kosten der Lagerhaltung aus der Vorratsfertigung nicht die Vorteile der Teilefamilienfertigung überwiegen.

a) Arbeitsplan in der Fertigungstechnik. Schon beim Entwurf des herzustellenden Erzeugnisses legt der Konstrukteur im Aufteilungsplan seiner Konstruktion für die Zeichnungsbenummerung die Einzelteile zu Untergruppen, diese zu Gruppen und weiter zum fertigen Erzeugnis fest (vgl. Bild 2.7). Anhand der Zeichnungen oder aufgrund eines Musters der Versuchsabteilung entsteht dann in der Arbeitsvorbereitung als

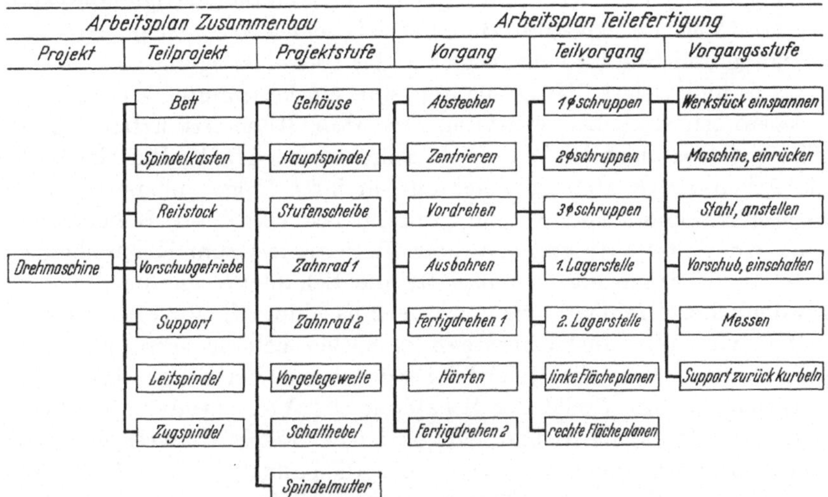

Bild 2.20. Arbeitsplan für den Aufbau des Projekts „Drehmaschine" aus seinen Teilprojekten „Bett", „Spindelkasten", „Reitstock" usw. Das Teilprojekt „Spindelkasten" ist in seinem Aufbau aus Projektstufen dargestellt. Im rechten Teil ist für die Fertigung des Teils „Hauptspindel" der Ablauf in Vorgänge gegliedert, von denen das „Vordrehen" mit seinen Teilvorgängen dargestellt ist. Hiervon wiederum ist der Teilvorgang „1. Durchmesser schruppen" in seine einzelnen Vorgangsstufen aufgelöst

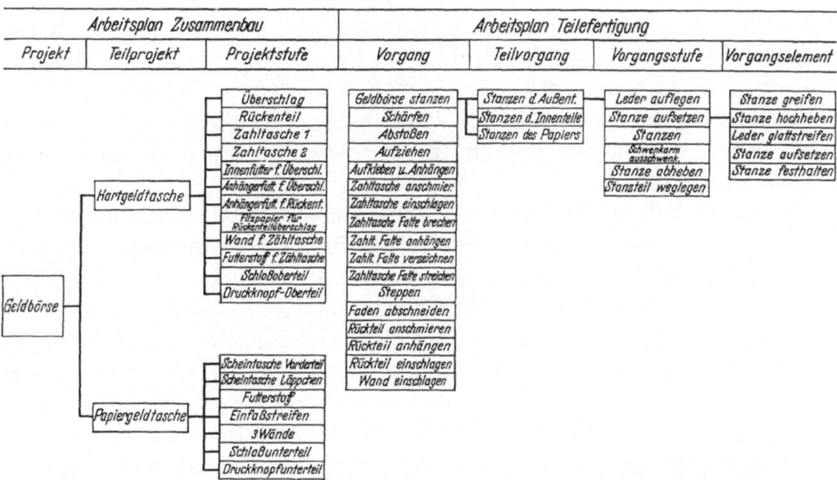

Bild 2.21. Aufbau einer Geldbörse aus Teilprojekten und Projektstufen. Beispiel für Arbeitsvorgänge und ihre Aufgliederung

wichtigstes Dokument der Fertigungsplanung der Arbeitsplan. Die schematische Gliederung des Projekts (Erzeugnis) zeigen die Bilder 2.20 und 2.21. In seinem Aufbau unterscheidet sich der Arbeitsplan der Einzelfertigung von dem der Massenfertigung. In der Einzelfertigung muß aus Gründen des Arbeitsaufwandes in der Arbeitsvorbereitung globaler gearbeitet werden. Dagegen ist in der Massenfertigung jeder Arbeitsvorgang bis ins Detail durchzuplanen. Dies ist erforderlich, weil sonst dem freien Spiel der Kräfte zu viel Raum gegeben wird und das Fertigungsergebnis beeinträchtigt werden kann. Bild 2.22 zeigt einen Arbeitsplan der Einzelfertigung und Bild 2.23 einen solchen der Massenfertigung.

Da es nun vielerlei Möglichkeiten gibt, ein bestimmtes Werkstück zu fertigen, erfordert die Festlegung der rationellsten Art Erfahrung und geistige Regsamkeit des Planers. Allgemein werden in der Einzelfertigung die Arbeitsgänge umfangreicher und in ihrer Folge anders als in der Großreihen- und Massenfertigung sein. Es bedeutet dies z. B. beim Übergang von Einzelfertigung mit ihrer Vielseitigkeit zum Kleinreihenbau, daß an die Stelle der Anreißplatte die Schablone, an die Stelle der gewöhnlichen Drehmaschine (Vielzweckmaschine) die Revolvermaschine gestellt wird. Wird die Kleinserie zur monatlich sich wiederholenden Großserie, dann rückt an die Stelle des gewöhnlichen Werkzeuges das Sonderwerkzeug, an die Stelle der Schablone die Vorrichtung mit Schnellspannung, Wendeblock und Rolltisch usw. Es tritt weiter neben die Revolvermaschine der Automat, neben die einfache Presse die Stufenpresse, neben die Einspindelbohrmaschine die Mehrspindelbohrmaschine. Die damit verbundene steigende Ausbringung sowie die zunehmende Kopfleistung im Rahmen aller Rationalisierungsmaßnahmen stellt immer höhere Anforderungen an den störungslosen Materialfluß. Daher muß der Arbeitsplaner auch die Fördermittel besonders beachten als unentbehrliche Hilfsmittel neuzeitlicher Fertigungstechnik, ebenso aber auch die neuesten Fortschritte auf dem Gebiet der Fertigungstechnik, wie Funkenerosion, Umformen durch Druck- bzw. Schockwellen, Ultraschall, Infrarottrocknung, Röntgen- und Strahlentechnik, Metallkleben, elektrostatisches Farbspritzen, Emaillieren, Elektropolieren usw., um sie richtig einplanen zu können.

Bei verwickelten Werkstücken wird außer den Grundarbeitsplänen noch zusätzlich die Arbeitsunterweisung[1] (Bild 2.24) aufgestellt, um dem Arbeiter in der Werkstatt genau mitzuteilen, wie er bei größtmöglicher Schonung von Maschine und Werkzeug unter geringster eigener Denkarbeit und körperlicher Anstrengung gute Arbeit leisten kann und dabei mit den Vorgabezeiten sein Auskommen findet. Klare Skizzen ersparen auch hier Aufklärungszeit. Die Arbeitsunterweisung ist dem Arbeitsplan nachgeordnet. Sie unterteilt die einzelnen Arbeitsgänge in Arbeitsstufen und enthält für diese unter Beifügung von Skizzen die näheren Angaben über die Art des Aufspannens, die Einstellung und Anstellung der zu verwendenden Werkzeuge, Schnittgeschwindigkeiten, Vorschübe usw.

---

[1] Vgl. AWF-Vordrucke Nr. 411-3 für die Arbeitsunterweisung (spanabhebende, spanlose Bearbeitung und Zusammenbau), zu beziehen vom Beuth-Vertrieb, Berlin, Köln, Frankfurt.

Firma	Typ GV 40/60		Benennung			Sach.-Nr F 11. 16125 –2001	
	von/an 1/221/121		Ventilhaube			Zeichnungs-Nr.	
Arbeits-plan	Werkstoff GG 22	Form	Rohteilsach-Nr. 11. 16125– 9201		Länge	Breite	Gruppen-Nr. 1610	Pos.-Nr. 012

Arb.-folge	Kost-stelle	Arb.-pl.-Nr.	Zuschl.-gr.	Planz.-schl.	L.-gr.	t_T	t_e	Arbeitsgang
010	221	121	070	85	6	80	24	Drehen der Flanschstirnseite,
								andrehen der Bohrung und
								Einstiche zus.-laufend
								Aufsatzbacken 92.977.41 –0001
020	221	121	070	99	5	30	4,9	Fertigdrehen der 2.Seite,
								bohren, aussenken und Gewinde
								schneiden
								Aufspannplatte BMU 467
030	221	212	120	00	5	20	7	vollständig bohren, anflächen,
								ansenken, Gewinde schneiden
								und entgraten
								Borvorrichtung BM 21505
040	235	042	050	00	4	—	5	verputzen und entgraten
045	228	094	005	0000	—	000	000	Kontrolle und Transport
								anliefern an Lager 3

Bild 2.22. Arbeitsplan der Einzelfertigung

Arb-gang	Benennung	Kosten-stelle	Maschine	Rüstz. Faktor	Stückzeit min l/100	Faktor Tz min	Vorschl. Spanz.	Schnittg. Umdr	Betriebsmittel V=Vorrichtg, W=Werkzeug, L=Lehre
1	planen, Drehen 32 h9, bohren 18,5 senken, abstechen	323	Rötforw.	140 / 7 M	2	60	3F / 475	4,18 / 5,17 / —	48	Spiralbohrer 18,5 u 14 Φ / Senker 18,5 / RL 32 h9
2	2 te Seite planen und Kanal einstechen	322	Pittler Rev. 36 Φ	90 / 5 M	+) 2,60	3 M x Hd	—	32/24 / 380	4 Sägeblätter 100 Φ x 2 V./Fr. 47
3	teilen 16 Stck. auf einmal	324	Fr. M. Univers.	25 / 5 M	+) 2,15	2 F	16	29 / 92	4 Sägeblätter 100 Φ x 2 V./Fr. 47
4	entgraten	325	v. Hd.	18 / 1 F	+) 1,10	1 F	—	—	V./Zange
5	einölen	325	v. Hd.	Senk.			—	—	—

Art d.Arbeit	Zeit(min)	Faktor Pfg	Fertig. Lohn DM	Zuschlag %	Fertigungskosten DM	Material Art	Gewicht (kg)	Einst. Pr. DM	Preis DM	Zuschlag %	Materialkosten DM
Automat Einrichten	1300 / 140	1,62 / 2,42	21,06 / 3,38	350	118,18	Rd. St. 33 Φ St. 60.11	99	0,60	59,40	10	65,34
drehen Einrichten	1000 / 98	1,82 / 2,02	18,20 / 1,91	320	84,04						
fräsen Einrichten	1075 / 25	1,52 / 2,02	16,34 / 0,50	300	67,36						
graten Einrichten	550 / 10	1,45 / 1,45	7,97 / 0,14	100	16,22						
						Zusammenstellung für 500 Stück					
						1 Materialkosten		DM 65,34			
						2 Fertigungskosten		" 278,60			
						3 Herstellkosten		" 343,94	1+2		
						4 Verwalt. Gemeink. Zuschl.		" 20,63	% 6 auf 3		
Insgesamt	4190				278,60	5 Vertriebs- " "		" 13,75	% 4 auf 3		
						6 Grundkosten		DM 378,32	1 bis 6		

Bild 2.23. Arbeitsplan für ein Drehteil mit Materialfestlegung, Arbeitsgängen und kalkulatorischer Auswertung ,+) zeigt an, daß die Arbeitszeiten durch Zeitstudie festgelegt bzw. überprüft sind

Arbeitsunterweisungen können aber auch für Prüfvorgänge u. dgl. notwendig werden.

Bei großen Schweißkonstruktionen müssen Schweißfolgepläne erstellt werden, damit die einzelnen Sektionen möglichst spannungsfrei zusammenzuschweißen sind. Von der Arbeitsvorbereitung hergestellte Pappmodelle leisten im Betrieb wertvolle Hilfe.

1	2	3	4	5	6	7	8	9	10	11	12	13	14	15	16	17	18	19	20	21	22	23	24	25	26	27	28	29	30	31

Arbeitsunterweisung für Bearbeitung von: *Schwungräder* — Z.Nr.: *51 = 6375*

Nr.	Änderung	Tag u. Name	Nr.	Änderung	Tag u. Name	Maßgebend für die Anwendung des Fertigungsplanes ist die dem Auftrag zugrundeliegende Gerätzeichnung
						Wird hergestellt aus (Rohteilzeichnung Nr. oder Halbzeug und daraus hergestellte Stückzahl) — Blatt Nr.: *1* — Z.Nr. – Sach- Nr.: *51 – 6375* — Anzahl der Verfahren: *1*
						Fertigungspl. besteht aus …*3*… Blatt — Verfahren: *1*
						Änderungsbuchstabe der Gerätzeichnung
						Wirtschaftl. Stückzahl — Guß / Schmiedeteil / Von der Stange
						Anlage- bzw. Auflagefläche des Werkstücks — Spannrichtung des Werkst. — entworfen / geprüft / gesehen — Tag u. Name
						Werkstoff: *Ge. 22.91* — Eingeklammerte Maschinennummern sind Werksnummern

Lfd. Nr.	Arbeitsgang	stufe	Benennung	Skizze	Maschine	Vorrichtung	Zugl. bearb. Werkstücke	Werkzeug	Arbeitslehre	Bemerkungen: n., s., t., bzw. v., u. tst
1			Spindelstellung 1:							
	1	1	Spannen		*V.A. 630*	*Topf. Futter HL 350*		—	—	
2			Spindelstellung 2:			Sonderstahl- halter für 1, 2 und 3 Hülle				*r = 4570 min* / *1,5 m/min* / *a = 0,073 mm/U.*
	1	2	Senken, schruppen u. einstechen			"		1 Spiralsenker / 2 Schruppstähle / 3 Nachstähle	Formlehre / —	

Bild 2.24. Arbeitsunterweisung im Anschluß an den Arbeitsplan schwieriger Arbeitsstücke. Als Beispiel die ersten zwei Spindelstellungen für die Bearbeitung eines Schwungrades auf einem Senkrecht-Mehrspindel-Automaten

b) Arbeitsplan bzw. Rezeptur und Fließbilder der Verfahrenstechnik [22]. In der Verfahrenstechnik geht man vom Versuchsergebnis (Rezeptur) des Laboratoriums aus. Der Verfahrensingenieur muß die Rezeptur in betriebstechnische Größen übertragen, wobei er sich, abgesehen von Chemie, mit physikalischen und physiologischen Fragen, mit angewandter Thermodynamik und Strömungslehre zu beschäftigen hat. Dazu kommen Werkstoffeigenschaften, Aufbereitungstechnik, Meß- und Regeleinrichtungen.

Für die Durchführung des Verfahrens zur Gewinnung oder Verarbeitung sind wohl in erster Linie das Erzeugnis und die herzustellenden Mengen maßgebend. Kleine und mittlere Mengen (z. B. organische Farbstoffe, pharmazeutische Produkte, Textilhilfsmittel, Speiseöle usw.) werden allgemein im Chargenbetrieb (diskontinuierlich) hergestellt (gewisse Knet- und Reifungsprozesse, Schmelzvorgänge grundsätzlich), wobei oft die gleiche Apparatur zur Herstellung verschiedener Produkte Verwendung findet. Bei großen Mengen wird man, wann immer möglich, den kontinuierlichen Betrieb anstreben (z. B. Erdöldestillate, Kunststoffe,

44

Grundchemikalien, wie Ammoniak, Mineralsäuren, Lösungsmittel usw.).
In der Verfahrenstechnik lassen sich trotz der Verschiedenartigkeit der
Erzeugnisse (Nahrungsmittel, Chemikalien, synthetische Fasern usw.)
alle Verfahren auf gewisse Grundvorgänge, nämlich das Trennen und
Vereinen zurückführen (vgl. Abschnitt 2.3.1). Die zweckmäßige Verbindung mit Hochdruck oder Vakuum, Hoch- oder Tieftemperaturen hängt
von vielen stofflichen, physikalischen und chemischen Bedingungen ab.

Für die Darstellung der chemischen Verfahren wird im einfachsten
Fall unter die Gleichungen und Symbole der Stoffe die auf eine Gewichts-
einheit des Produktes bezogene Menge geschrieben. Für den Betrieb
aussagefähig ist aber erst das Mengenfließbild (Bild 2.25), das ein- und

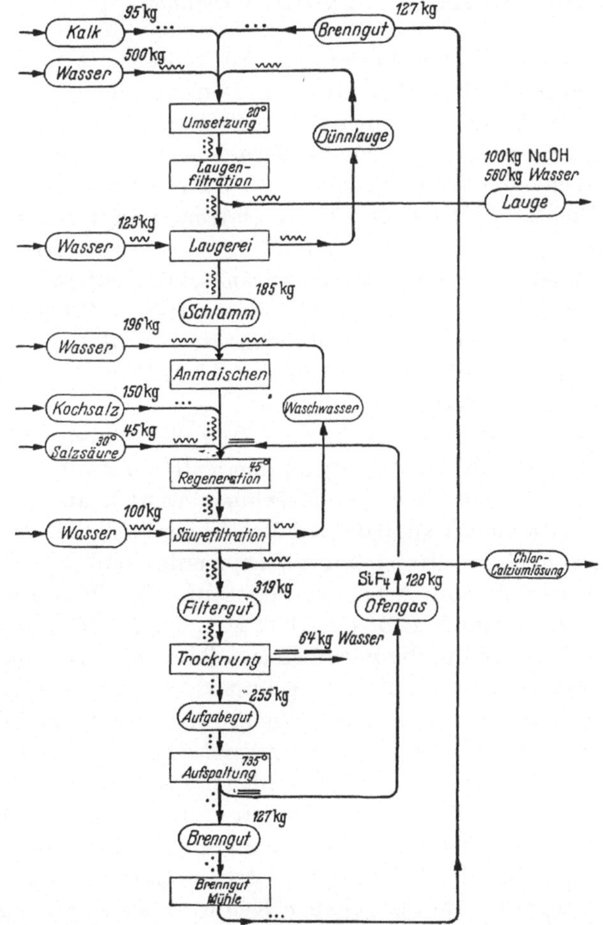

Bild 2.25. Mengenfließbild in der Verfahrenstechnik, wobei die Form und
Verteilung des Stoffes neben den Weglinien durch folgende Symbole
angegeben sind:

⁓ Flüssigkeit	∴ Feststoff grob	⋯ Feststoff, Pulverform
⋰ Suspension	— Gas	— Dampf
⋯ Staub-Gas-Gemisch	⌣⌣ Schlamm	⌇⌇ Schaum

ausgehende sowie umlaufende Stoffe hinsichtlich Menge und Zusammensetzung erkennen läßt, die Verfahrensvorgänge mit den Bedingungen kennzeichnet und so dem Arbeitsplan der Fertigungstechnik entspricht. Zwecks einheitlicher Darstellungen wurden Normen entwickelt:

DIN 28004 Fließbilder verfahrenstechnischer Anlagen,

DIN 2429   Sinnbilder für Rohrleitungsanlagen,

DIN 23011 Vornorm-Richtlinien für Abnahme und Überwachung von Steinkohlenaufbereitungsanlagen[1],

DIN 15201 Jan. 1955, Sinnbilder für Stetigförderer.

Die letztgenannten Normen finden besonders in sogenannten konstruktiven Fließbildern Anwendung, die in Sinnbildern (Symbolen) auch die Apparate für die einzelnen Prozesse darstellen.

2.3.3. Maschinelle Einrichtungen [23]. So vielfältig wie die einzelnen Arbeitsvorgänge (Arbeitsverfahren) in den verschiedenen Industriezweigen, so vielfältig sind auch die Anforderungen an die Maschinen und Einrichtungen. Gewisse Grundforderungen haben neben dem Wunsch nach entsprechender Dauermengen- und Güteleistung Allgemeingültigkeit: Handlichkeit, Übersichtlichkeit, Narren- und Unfallsicherheit in der Bedienung, geringe Reparaturanfälligkeit, langsamer Lager- und Führungsbahnenverschleiß, elektrohydraulische, elektrische oder pneumatische Steuerorgane und möglichst automatischer Arbeitsablauf. Statistische Untersuchungen haben übrigens ergeben, daß die technischen Möglichkeiten vieler Werkzeugmaschinen gar nicht benötigt oder höchst selten eingesetzt werden.

Eine immer größere Bedeutung gewinnt der Einsatz von NC-Maschinen (NC ist die Abkürzung von „numerically controlled": numerisch gesteuert). Alle Operationen der Maschinen werden automatisch über Lochstreifen gesteuert, so daß die NC-Maschinen völlig selbständig arbeiten, ohne daß noch von Hand eingegriffen werden muß. Die Steuerungsprogramme schreibt die Arbeitsvorbereitung. Die Programmsprachen sind zahlreich, darunter z. B. EXAPT. Mit den NC-Maschinen hat die Automatisierung auch in die Kleinbetriebe ihren Einzug gehalten.

Kennzeichnung der Maschinen. Damit der Arbeitsplaner der vorliegenden Fertigungsaufgabe die zweckmäßigste Maschine zuordnen kann, entnimmt er Näheres über die vorhandenen Betriebsmittel den AWF-Maschinenleistungskarten. Vielfach werden die Karten aller gleichartigen Maschinen derselben Größe zur schnellen Unterrichtung in Maschinengruppenlisten zusammengefaßt. Sie enthalten alle technischen Daten und auch Angaben über die Wertigkeit (Alter, Betriebszustand, noch vorhandener Gütegrad). Aus der genauen Kenntnis der Fertigungsaufgaben und der vorhandenen Maschinen ergeben sich dann auch Hinweise für neu zu beschaffende Betriebsmittel im weitesten Sinne.

---

[1] Als Norm zurückgezogen und 1954 als Buch erschienen im Verlag Glückauf, Essen.

Um Werkzeugmaschinen und auch Handarbeitsplätze im Arbeitsplan ansprechen zu können, müssen sie verschlüsselt werden. Der Schlüssel übernimmt Steuerfunktionen und dient der Kostenerfassung. Auch hier sollte man darauf sehen, eine möglichst kurze Nummer zu erhalten. Ein Arbeitsplatz besteht immer aus der Kostenstelle, d. h. der Meisterschaft und der Nummer des betreffenden Arbeitsplatzes. Das kann folgenden Schlüssel ergeben:

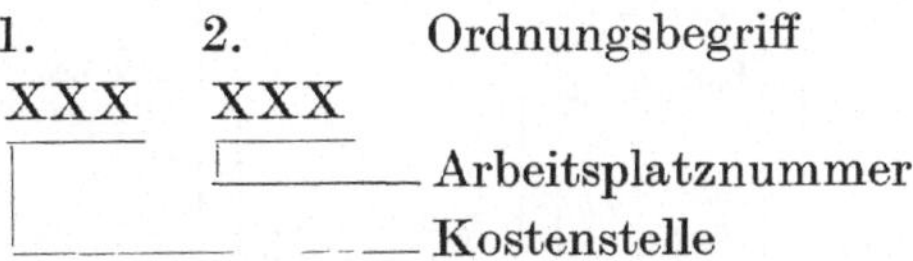

Dem Arbeitsplatz zugehörig sind die Gemeinkosten, die gleichfalls als Zuschlaggruppe verschlüsselt werden. Zweckmäßigerweise sollten alle Arbeitsplätze in einer Arbeitsplatznummernliste entsprechend Tabelle 2.9 zusammengefaßt dargestellt werden. Alle Arbeitsplätze im Betrieb sind mit der 6stelligen Arbeitsplatznummer zu kennzeichnen.

Tabelle 2.9. Arbeitsplatznummernliste

Inventar-Nr.	Bezeichnung des Arbeitsplatzes	Kostenstelle	Arbeits-platz-Nr.	Zuschlag-gruppe
1750	Drehmaschine, Spindel-bohrung 38, Länge 800	310	197	80

2.3.4. Wirtschaftlicher Maschineneinsatz. Die Methodenlehre des REFA[1] [24] geht bei der Betrachtung rationeller Fertigungen vom Menschen, vom Betriebsmittel und vom Arbeitsgegenstand aus. Die Gliederung dieser drei Arbeitsablauf-Abschnitte in Ablaufarten ermöglicht eine exakte Analyse zur Datenermittlung. Die Beschreibung der Ablaufarten wird verbessert und führt mithin zu einer vielseitigeren Verwendung der Daten. Das Zusammenwirken von Mensch und Betriebsmittel mit dem Arbeitsgegenstand kann nun möglicherweise zur Bildung von Kennzahlen herangezogen werden. Sie geben Aufschluß darüber, wie weit wirtschaftliche Ergebnisse zu erwarten sind.

Da in den folgenden Abschnitten in erster Linie die Rationalisierung als Ergebnis technischer Neukonstruktionen betrachtet wird, soll hier die Analyse der Ablaufarten des Betriebsmittels dargestellt werden.

Nach der Methodenlehre des REFA ist die Ablaufgliederung in Bild 2.26 dargestellt. Sie umfaßt alle das Betriebsmittel betreffenden Ereignisse sowohl innerhalb des Einsatzes, also die der Nutzung bzw. der unterbrochenen Nutzung, als auch die Ereignisse außerhalb des Einsatzes.

---

[1] Verband für Arbeitsstudien REFA e. V., 61 Darmstadt, Wittichstraße 2.

Die Analyse der Ablaufarten ist die Vorbedingung zur Durchführung von Zeitstudien zur Synthese der Arbeitsabläufe. Die Vorgabezeiten für

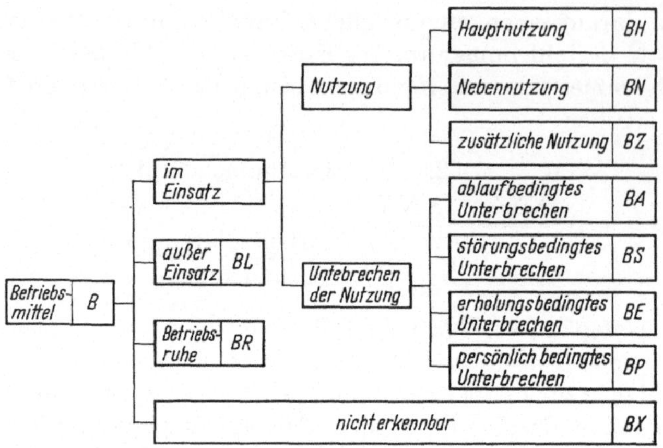

Bild 2.26. Ablaufgliederung (Analyse der Ablaufarten) bezogen auf das Betriebsmittel

das Betriebsmittel enthalten Grundzeiten und Verteilzeiten. Die Gliederung der Belegungszeit des Betriebsmittels auf die Betriebsmittelzeit je Einheit bezogen zeigt Bild 2.27.

Zeitstudien an Betriebsmitteln führen zu höheren Nutzungsgraden und zu konstruktiven Verbesserungen.

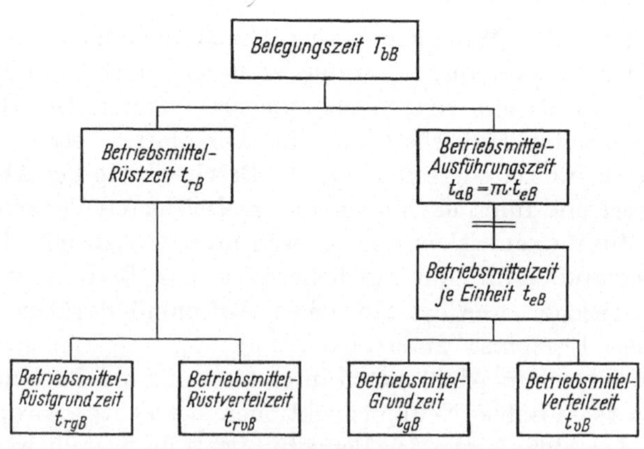

Bild 2.27. Zeitgliederung für die Belegungszeit

2.3.5. Herabsetzung der Rüstgrundzeit (Nebennutzung). Während sich der Zeitaufwand für die Auftragserteilung und Werkzeugbeschaffung organisatorisch beeinflussen läßt, kann man die eigentliche Einrichtezeit der Maschine durch zweckentsprechende einbaufähige Werkzeugeinrich-

tungen im Zusammenhang mit der Gestaltung der Maschine herabsetzen,
z. B. in der Kleinreihenfertigung durch schwenkbare Meißelhalter mit
Einhebelbedienung.

Die Vorzüge von Werkzeugeinrichtungen zeigen sich besonders bei
Vielmeißelmaschinen, wo das Einrichten der einzelnen Drehmeißel
große Sorgfalt und einen entsprechenden Zeitaufwand erfordert.
Nach Zusammenfassung möglichst vieler Drehmeißel in einem Block-
halter braucht man diese Arbeiten nicht immer zu wiederholen und
kann das Wiedereinrichten und Umrichten ganz wesentlich vereinfachen
und verkürzen, weil die Blöcke nur mit Hilfe von Einstellehren zueinander in die richtige Lage gebracht werden müssen. Überhaupt spielt

Bild 2.28. Revolverkopf für 3 verschiedene Werkstücke eingerichtet, so daß das Umrichten der
Maschine erspart wird (Bauart Pittler)

die Frage des Werkzeugwechsels, bei dem teuere Automaten stillstehen,
eine immer größere Rolle. Die Voreinstellung außerhalb der Maschine,
der Wechsel aller Werkzeuge gleichzeitig in bestimmten Abständen
gewinnen immer größere Bedeutung. Die Genauigkeit der Voreinstellung
erreicht bereits im Durchschnitt bis 5 μm.

Beispiele: In der Revolverdreherei kann ein Revolverkopf für drei
verschiedene Werkstücke (Bild 2.28) eingerichtet werden, so daß bei
wiederkehrenden Monatsserien das Einrichten entfällt. Auswechselbare
Revolverköpfe mit eingestellten Werkzeugen sind der nächste Schritt
zur Rüstgrundzeit-Verkürzung. In Tabelle 2.10 und Bild 2.29 ist noch
der Einfluß der Rüstzeit beim Drehen von Gewindebüchsen dargestellt,
wobei die Schnittpunkte der Kurven die Stückzahlen angeben, bei denen

der Vorteil von der einen zur anderen Maschine übergeht. Der Übergang
der Kurven in die Gerade zeigt die Stückzahl an, bei der die Rüstzeit
praktisch überhaupt nicht mehr ins Gewicht fällt.

Tabelle 2.10. Fertigung von Gewindebüchsen (vgl. Bild 2.29)

Maschine	Rüstzeit in min	Zeit je Einheit in min	%
a Spitzendrehmaschine	40	16,4	100
b Revolverdrehmaschine	65	7,0	42
c Einkurvenautomat	130	1,2	7

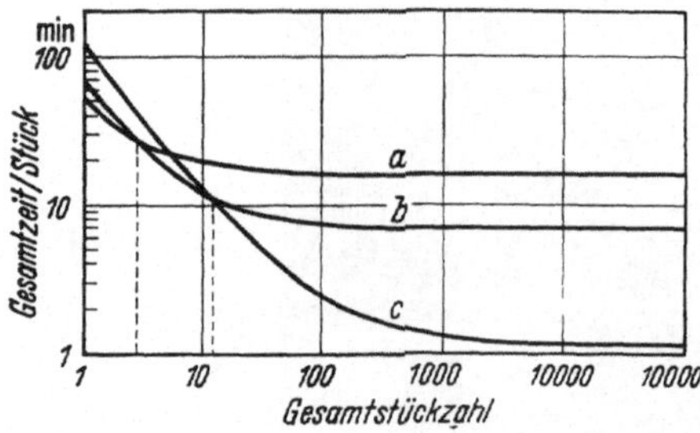

Bild 2.29. Einfluß der Rüstzeit beim Drehen von Gewindebüchsen. *a* Spitzendrehmaschine, *b* Revolverdrehmaschine, *c* Einkurvenautomat

Ähnliche Überlegungen gelten für alle Maschinenarten, wobei auch
noch die Normung der Aufnahmen für Werkzeuge und Spannmittel
einen weiteren Weg zeigt. Dies gilt besonders in Stanzereibetrieben, wo
hierdurch die Wiederverwendung von Schneidwerkzeugen auf verschiedenen zur Verfügung stehenden Pressen möglich wird und Einlegehülsen-
Sucharbeit einzusparen ist. Eine Herabsetzung der Rüstgrundzeit bringen
auch die Loch- und Formstanzen mit am Kreisumfang angeordneten
Werkzeugen, die Lochen und Ausstanzen in beliebiger Reihenfolge ermöglichen. Einen weiteren Schritt stellen die numerisch gesteuerten
Bohr- und Fräswerke mit selbsttätigem Werkzeugwechsel dar, die z. B.
in beliebiger Reihenfolge auf mehreren Werkstückseiten (Drehtisch) in
einer Aufspannung fräsen, bohren, ausbohren, reiben und Gewinde
schneiden. Solche Bearbeitungszentren sowie auch NC-Drehmaschinen
usw. werden in den verschiedensten Ausführungen angeboten.

2.3.6. Herabsetzung der Grundzeit (Hauptnutzung)

a) Spanende Fertigung. Grundlegend und zugleich am leichtesten
durchführbar für die wirtschaftliche Gestaltung eines Zerspanungsvor-
ganges ist die Einhaltung der günstigsten Schnittgeschwindigkeit. Sie
ist mit Rücksicht auf die Oberflächengüte möglichst hoch zu wählen,
aber nach oben begrenzt durch das Standzeitverhalten der Werkzeuge
(reine Schneidzeit bis zum Abstumpfen der Schneide) und auch durch die

Maschinenbauart. Große Vorschübe fördern die Zerspanungsleistung, wobei die Oberflächengüte aber abnimmt. Bei reiner Schrupparbeit muß man möglichst die Maschinenleistung voll ausnutzen. Außerdem ist von der Maschine her noch eine Zeiteinsparung möglich und zwar dann, wenn sie infolge ihrer starren Bauart auch bei großer Zerspanungsleistung eine sehr gute Oberfläche erzielt, so daß nachfolgende Schlichtarbeitsgänge wegfallen, zumindest vereinfacht werden können.

Da auch die beste Maschine ohne ein aus geeignetem Werkstoff richtig gestaltetes Werkzeug nicht ausgenützt werden kann, müssen hierzu alle eigenen und fremden Erfahrungen ausgewertet werden. Darüber hinaus wird durch die Erhöhung der Standzeit bei gleichbleibend hoher Zerspanungsleistung die Häufigkeit des Nachschleifens vermindert, so daß auch die Kosten der Instandhaltung für das Werkzeug sinken, zugleich mit den Zeiten für das Ein- und Ausspannen, Einstellen und Messen. In der Massenfertigung hat man sich z. B. entschlossen, eigene Werkzeugwechselpläne aufzustellen [25]. Jede Erhöhung der Standzeit begünstigt die Wirtschaftlichkeit bei spanabhebender Fertigung.

Nicht übersehen darf man die Wirkung richtig gewählter Schneid- und Kühlöle auf die Schneidhaltigkeit der Werkzeuge, wobei vielfach die Schneidflüssigkeit nebenher auch noch zur Spanabfuhr, besonders bei Automaten, und beim Schlichten zur Erhöhung der Oberflächengüte dient, ja sogar notwendig sein kann. Darüber hinaus soll immer versucht werden, mit Normalwerkzeugen auszukommen, um Kosten und lange Anfertigungszeiten von Sonderwerkzeugen zu sparen.

Allgemein erfordern Mehrzweckmaschinen in der Einzelfertigung mit vielseitigen Aufgaben meist lange Zeiten der Nebennutzung, während Sondermaschinen für die Serien- und Massenfertigung bei festem Fertigungsprogramm mit kürzesten Zeiten für Nebennutzung bei ebenfalls weitgehender Zeitkürzung der Hauptnutzung auskommen. Ein Weg zur Herabsetzung der Hauptnutzungszeit führt in der Dreherei über die Drehmaschine mit großem Drehzahl- bzw. Vorschubbereich bzw. stufenlosem Getriebe zum Mehrfachhalter mit Hartmetallmeißeln oder zum gleichzeitigen Arbeiten mit mehreren Werkzeugschlitten an Nachformdrehmaschinen. Drehen mit 2 Spindeln (Bild 2.30) bringt besonders

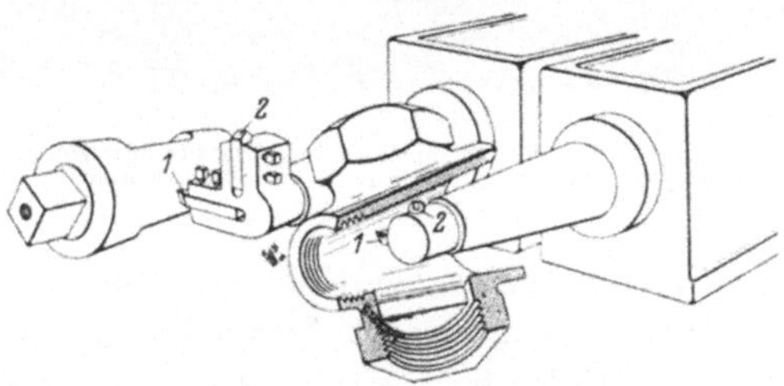

Bild 2.30. Gleichzeitiges Drehen von Hahngehäuse und Küken auf einer zweispindeligen halbautomatischen Drehmaschine. Von rechts nach links grob drehen mit Meißel *1*, dann schwenken und zurück fein drehen mit Meißel *2* (Maschinenfabrik Diedesheim, Diedesheim, Post Neckarelz)

in der Armaturenindustrie große Arbeitszeiteinsparungen, weil das gleichzeitige Schruppen und, nach selbsttätigem Schwenken der Werkzeuge,
Schlichten im Rücklauf absolute Kegelgleichheit von Hahn und Kücken
gewährleisten. Das Einschleifen fällt außerdem meist weg.

Mehrspindelautomaten, bei denen alle Meißel oder Meißelgruppen an
mehreren Werkstücken gleichzeitig arbeiten, so daß nach jeder Weiterschaltung ein fertiges Werkstück von der Maschine fällt, werden in der
Massenfertigung eingesetzt. Hierbei lassen sich auf Mehrspindelautomaten mit feststehenden Werkstücken in einem Revolverkopf bei umlaufenden Werkzeugen auch sperrige Stücke bearbeiten. Einfachere
Werkstücke wiederum lassen sich mit feststehenden, vielgestaltigen
Werkzeugen bei umlaufenden Werkstücken auf Waagerecht- oder Senkrecht-Mehrspindelautomaten wirtschaftlich bearbeiten, wobei ein Mann
2 bis 3 Automaten bedienen kann.

Bei großen Plandrehmaschinen ist es durch elektrisch, mechanisch
oder hydraulisch stufenlos verstellbare Arbeitsspindel-Drehzahlen möglich, mit gleichbleibender Schnittgeschwindigkeit zu arbeiten. Ähnlich
liegen die Verhältnisse in der Fräserei, wo das Streben, zwei oder mehrere
Flächen gleichzeitig zu bearbeiten, zur Vierspindel-Langfräsmaschine
führt. Rundtischfräsmaschinen (Bild 2.31), bei denen der Tisch zum
Auf- und Abspannen nicht stillgesetzt zu werden braucht, haben hohe
Leistungen erbracht. Eine weitere Steigerung bringen für die Großserien-

Bild 2.31. Rundtischfräsmaschine mit zwei Frässpindeln zur Bearbeitung von Sechszylinderköpfen auf vier Stationen

fertigung Trommelfräsmaschinen, bei denen der Rundtisch als Trommel
ausgeführt und waagerecht gelagert ist. Damit können auf beiden Seiten
des Tisches Werkstücke stetig bearbeitet werden.

Einspindelbohrmaschinen werden überall dort von Mehrspindelmaschinen verdrängt, wo mehrere Löcher gleichzeitig gebohrt werden können. Mehrfachbohrmaschinen mit Gelenkspindeln, bei denen infolge Auswechselbarkeit der einzelnen Spindeln eine vielseitige Verwendbarkeit in bezug auf Lochzahl, Bohrdurchmesser und Lochabstand gegeben ist (Bild 2.32), haben sich für mittlere und kleinere Bohrleistungen bei geringem Spindelabstand bewährt. Aus mehreren Bohreinheiten nach dem Baukastensystem zusammengesetzte Vielspindelmaschinen sind besonders für die Massenfertigung geeignet (Bild 2.33).

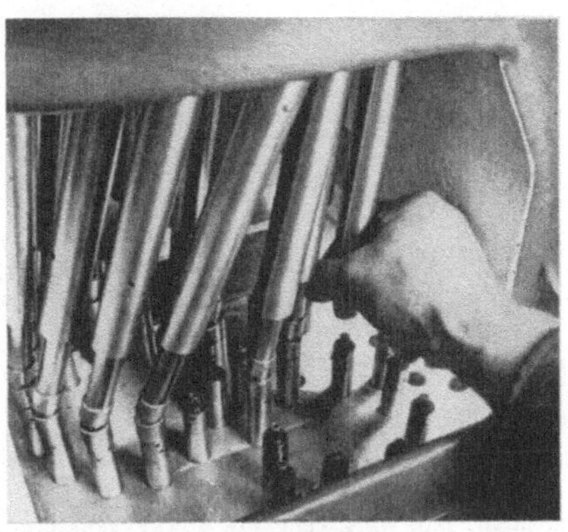

Bild 2.32. Mehrspindelbohrmaschine, bei der im festen Bohrspindelkasten eine große Zahl von Bohrbildern untergebracht ist. Zum Umstellen werden die Kupplungsbuchsen an den Antriebsspindeln umgesteckt (Bauart Burkhardt & Weber, Reutlingen)

Bild 2.33. 3-Weg-Gewindebohrmaschine für Kurbelgehäuse. Die linke Bohreinheit ist auf Schlitten verschiebbar zur wechselweisen Bearbeitung von Vier- und Sechszylinder-Kurbelgehäusen. Leistung 54 Stück/h (Bauart Burkhardt & Weber, Reutlingen)

Der Weg eines Mehrfachwerkzeuges wird auch in der Schleiferei beschritten, wo beim Einstech-Rundschleifen mit zwei Scheiben verschiedenen Durchmessers, mit Profilscheiben, zusammengesetzten Schleif- und Gegenscheiben und als Sonderheit mit einer längs verstellbaren Scheibe und festen Gegenscheiben spitzenlos gearbeitet wird.

Beim Übergang vom Gewindeschneiden auf der Drehmaschine über das Gewindefräsen zum Gewindewalzen zeigt sich die Verkürzung der

Hauptnutzungszeit besonders deutlich, arbeiten doch Gewindewalz-
maschinen mit Minutenleistungen von z. B. 100 Stück bei 3 mm und
70 Stück bei 10 mm Durchmesser. Ebenso läßt sich eine Herabsetzung der
Hauptnutzungszeit durch Änderung des Arbeitsverfahrens für höchst-
wertige und genaueste Teile durch das Einstechschleifen mit einprofiliger
oder, wie im Bild 2.34, mit mehrprofiliger Schleifscheibe erreichen, wobei
das Werkstück nur eine Umdrehung macht.

Bild 2.34. Gewinde-Einstechschleifen. Der Beginn des Schleifvorganges ist am Werkstück deutlich
sichtbar. Das Werkstück, ein Gewindelehrdorn, wird zuerst im Einstechverfahren geschruppt und
dann mit der einprofiligen Scheibe geschlichtet. Die Schleifzeit einschließlich Nebennutzungszeit ist
55 min bei einer Genauigkeit des Flankendurchmessers von + 0,004 mm, 1/2 Flankenwinkel ± 5'
und Steigung ± 0,002 mm auf 25 mm (Bauart Lindner, Berlin)

Die gleichen Erwägungen, die in der Dreherei zum Mehrspindelautomaten führten, brachten die Entwicklung der Rundtisch-Zahnradstoß-
maschinen, bei denen sich die Hauptnutzungszeiten gleichzeitig z. B. an
5 Stellen überlagern und das Aus- und Einspannen während des Arbeits-
ganges erfolgt. Auch beim Abwälzzahnradfräsen geht die Entwicklung
von der Einspindel- zur Mehrspindelmaschine, bei der die Fräser über-
einander gelagert sind, so daß z. B. Schwungradkörper auf der senk-
rechten Tischspindel paarweise gegeneinander gespannt und gleichzeitig verzahnt werden können.

b) Umformen. In der Blechverarbeitung führt die Überlagerung der
Hauptnutzungszeiten beim Streifenschneiden von der Parallelschere zur
Streifenschere mit umlaufenden Rollen, die gleich eine ganze Tafel auf-
teilt, oder man kann z. B. durch Lochen und Bördeln in einem Arbeitsgang kleine Augen für Schraublöcher herstellen (Bild 2.35). In der
Stanzerei und Zieherei kommt bei der Stufenpresse ein vollständiger
Werkzeugsatz in die Presse, alle Stufen (bis 20) bearbeiten das Teil nacheinander, aber in den Hauptnutzungszeiten gleichzeitig (Bild 2.36).
Für größere Teile läßt sich auch ohne Stufenpresse eine Überlagerung
der Hauptnutzungszeiten dann erreichen, wenn auf großem Pressen-
tisch 2 oder 4 Werkzeuge (auf gleiche Enddruckhöhe unterbaut) aufge-
spannt werden und mehrere Arbeitskräfte im sogenannten Umlege-
verfahren arbeiten. In der Einzel- und Kleinserienfertigung läßt sich

die Schockwellenbearbeitung [26] dadurch rationell einsetzen, daß selbst
schwierige Formen von Blechteilen durch einen Arbeitsgang erreicht
werden. Die Schockwellen können dabei durch Explosivstoffe, hochge-
spannte Gase oder elektrische Entladung erzeugt werden.

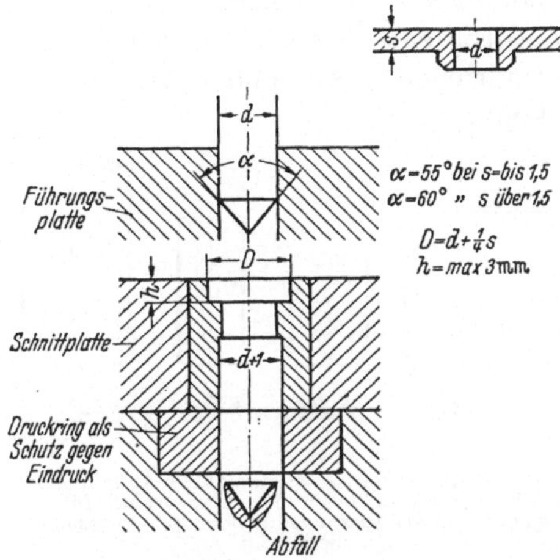

Bild 2.35. Düsenherstellung für Schraublöcher usw. ohne
Vorlochungen in einem Arbeitsgang für dünnere Bleche

Bild 2.36. Hochleistungsstufenpresse mit mehreren nacheinander arbeitenden Werkzeugen. Der Zu-
schnitt bzw. das vorgearbeitete Werkstück wird dem ersten Werkzeug selbsttätig durch Ladescheibe
zugeführt und von Werkzeug zu Werkzeug (Stufe zu Stufe) durch Greifer weiterbefördert (IWK
Pressen GmbH, Kassel)

Den Übergang vom Tiefziehen zum Fließpressen mit außerordentlich
kurzer Hauptnutzungszeit zeigen die Bilder 2.37 und 2.38.

Bei der Wärmebehandlung sucht man die verfahrensmäßig bedingten langen Anwärm-, Glüh- und Kühlzeiten ebenfalls durch gleichzeitige Behandlung großer Stückzahlen zu vermindern. Weiter wird in geeigneten Fällen das viele Stunden erfordernde Einsatzhärten durch das Brennhärten [27] oder das Induktionshärten [28] ersetzt, Verfahren, die die Anwärmzeit außerordentlich abkürzen, keine Wärme in das Innere des Werkstückes eindringen lassen und unmittelbar in eine Fließreihe eingefügt werden können.

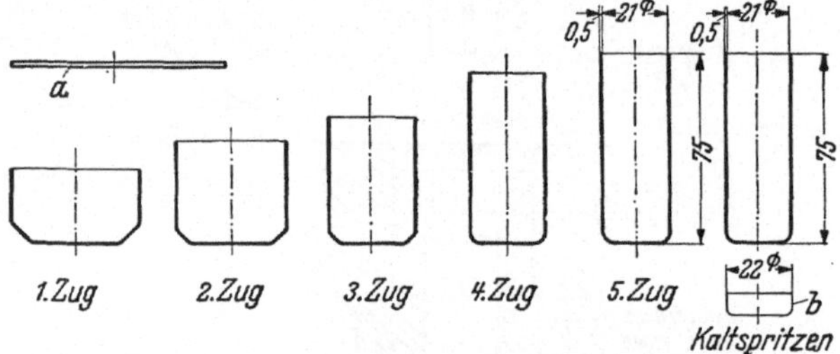

Bild 2.37. Arbeitsgänge bei der Herstellung einer Aluminiumhülse im Tiefziehen und Fließpressen. *a* Platine als Ausgangsteil für 5 Züge beim Tiefziehen, *b* Plättchen als Ausgangsteil beim Fließpressen in einem Arbeitsgang

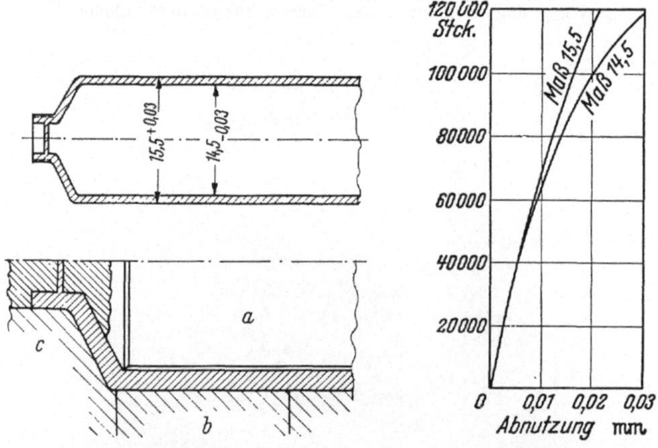

Bild 2.38. Werkzeuganordnung und Werkzeugabnutzung beim Fließpressen. *a* Stempel 14,5 mm ⌀, *b* Fließring 15,5 mm ⌀, *c* Gesenk

In der Gießerei [29] verkürzt man die Zeiten für Haupt- und Nebennutzung beim Formen durch möglichst günstige Nutzung der Modellplatte (Bild 2.39) und durch Kopplung zweier Formmaschinen (Bild 2.40). Das Arbeiten nach dem Stapelgußverfahren gestattet für niedrige Teile das gleichzeitige Einpressen von Ober- und Unterplatte in einem Formkasten. Bild 2.41 zeigt den gießfertigen Stapel.

In der Handformerei bringen Preßluftstampfer und sogenannte Sandslinger, Schleuderformmaschinen, die den Formsand direkt auf das Modell werfen und so Schaufel- und Stampfarbeit ersparen, wesentliche Einsparungen an Formarbeit. Der Sandslinger schleudert z. B. je nach Größe 8 bis 50 m³/h Sand mit einer Geschwindigkeit von 20 bis 50m/s auf das Modell. Entsprechende selbsttätige Sandzufuhr ist aber Voraussetzung für den wirtschaftlichen Einsatz dieser Maschinen.

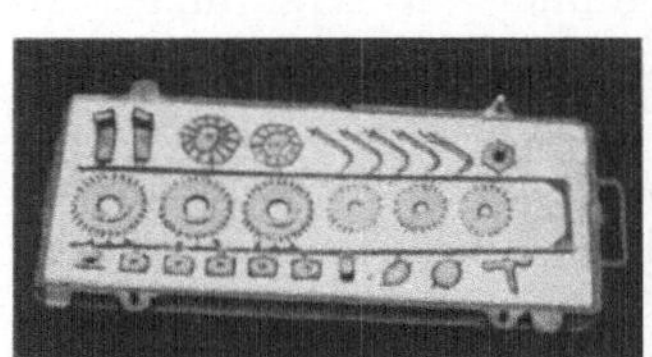
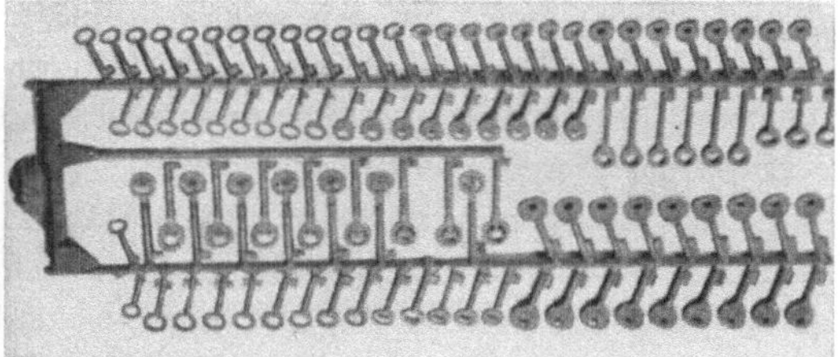

Bild 2.39. a) und b) Wirtschaftliche Modellplattennutzung in der Gießerei

Bild 2.40. Zwillings-Formmaschine, mit einem Druckluft-Steuerungshebel zu bedienen, so daß Ober- und Unterkasten gleichzeitig gestampft, gepreßt und abgehoben werden

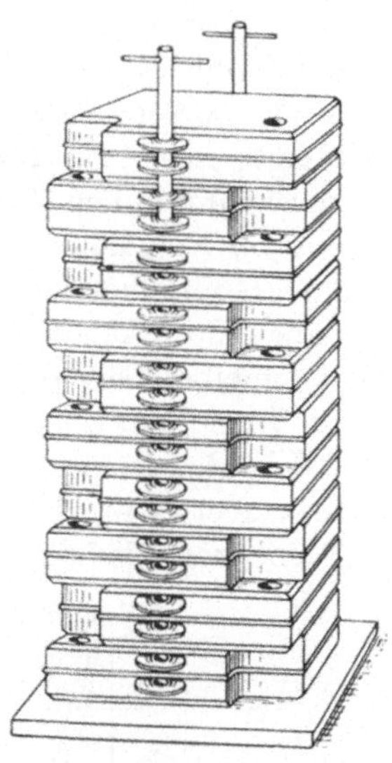

Bild 2.41. Stapelgußverfahren. Ober- und Unterkasten werden in einem Kasten geformt und mit wechselseitigen Eingüssen zusammengesetzt

Seit dem zweiten Weltkrieg nimmt die Anwendung des Zements [30] in der Formerei immer größeren Umfang an (DRP 520.175). Dabei wird an Stelle des bisherigen Modellsandes Quarz- oder auch Flußsand mit bis 10 % gutem Portlandzement vermischt, gut handfeucht in Modellsandstärke auf das Modell aufgelegt und dann mittels Füllsand hinterstampft. In 12 h ist die Form gut hart, jedoch sehr gasdurchlässig und nach dem Auftragen einer sehr dicken Schlichte und Abtrocknung über Nacht oder mittels Heißwinderzeugers in $^1/_4$ h gießfertig. Das gleiche trifft für Kerne jeglicher Art zu, die nur kurze Zeit nach dem Schwärzen zu übertrocknen sind. Bei den Formen werden nicht nur der Transport zu den Trockenkammern und der lange Trockenprozeß überflüssig, sondern es wird auch eine Menge Material und Arbeitszeit durch den Wegfall des Steckens der Formstifte gespart. Es wurden auch erfolgreiche Versuche gemacht, beim Formen den aufgelegten Zementsand bloß mit grobkörnigem Flußsand zu hintergießen, den Kasten mit Brettern abzudecken, zu wenden usw., um das Hinterstampfen zu ersparen. Schwierigkeiten bietet beim Arbeiten mit Zement immer die Trennung von Zement- und Altsand. Auch muß der Zementsand für die Wiederverwendung neu aufbereitet werden.

In der Kernmacherei geht man bei der Handherstellung zu mehreren Kernformen nebeneinander, bei Anfall von vielen Rundkernen zur Kernausstoßmaschine bzw. bei Großserien von Formkernen zur Kernblasbzw. Schießmaschine über. Auch Preßrüttler haben in der Kernmacherei Eingang gefunden. Das umständliche Kerntrocknen wird beim Kohlensäure-Erstarrungsverfahren [31], bei dem durch geeignete Duschen oder Sonden Kohlensäure aus Flaschen in den Kern aus Silbersand mit etwa 4 bis 6% wasserglashaltigem Binder eingeblasen wird, umgangen. Der Kern erstarrt in 1 bis 2 Minuten. Im übrigen werden Kernschießmaschinen direkt mit einem Zusatzgerät geliefert, die eine Kernherstellung mit geringstem Kohlensäureverbrauch ermöglichen.

In der Gußputzerei geht der Weg zur Einsparung von Hauptnutzungszeit über Formkastenausschlag-(Rüttel-)Roste zum Putzen mit dem Preßluftmeißel, bei Großguß zum Naßputzen mittels Druckwasserstrahls von z. B. 50 bar (1 bar ~ 1 at) bei etwa 30 m³/h Wasserverbrauch. Die Naßputzzeiten verhalten sich dabei je nach Art und Größe der Gußstücke etwa wie 1 : 8 bis 1 : 12, wobei der Kernsand und das Wasser in Klärbecken wiedergewonnen werden.

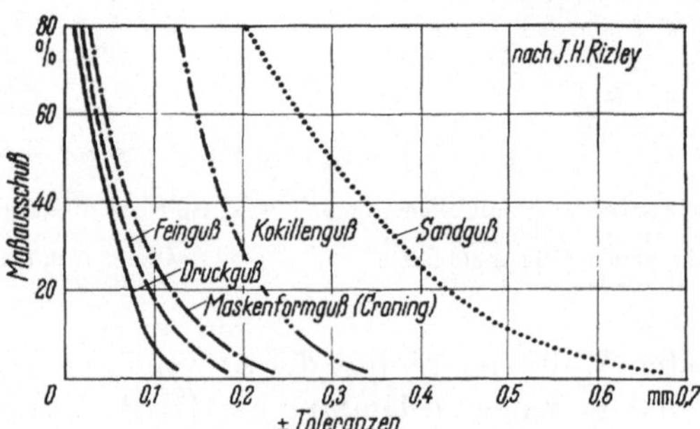

Bild 2.42. Das Diagramm von J. H. Rizley zeigt die Gußstücktoleranzen bei verschiedenen Gießverfahren für Maße bis 25 mm, die nicht von der Formteilung durchschnitten werden

Die Bemühungen, Gußteile möglichst genau fertigzugießen (Bild 2.42), brachten Croning [32] darauf, Formmasken durch Aufschütten, Ausblasen oder Aufkippen des Formstoffes (schüttfähige, aushärtbare Quarzsand-Kunstharzgemische) auf die warme Guß- oder Stahlmodellplatte bei etwa 2 s Anbackzeit herzustellen, im Ofen bei 320 °C 1 min zu härten und dann von der Platte zu lösen. In der Massenfertigung müssen daher mehrere Modellplatten verfügbar sein. Halb- und vollautomatische Maschinen können z. B. alle 40 s eine Maske liefern. Das Hinterfüllen bzw. Abstützen der zusammengeklebten, verklammerten oder verbolzten Masken erfolgt durch Stahlkies oder groben Quarzsand. Bei mittelgroßen Gußstücken beträgt die Toleranz etwa 0,2 mm. Maschinen werden heute bis zu einer Maskengröße von 1500 × 600 mm gebaut.

Von den Feingießverfahren ist das Wachsausschmelzverfahren [33] das älteste. Es eignet sich z. B. zum Vergießen von Stahlfeinstguß auch für schwierigste Formen. Dabei wird in einer Kokille ein genaues Wachsmodell gespritzt oder gegossen, durch Tauchen mit einem Kieselsäureüberzug versehen und dann in einen Blechkasten mit Schamotte, Sand und verschiedenen Chemikalien eingerüttelt. Statt Wachs- sind auch Kunstschaumstoffmodelle für das Ausschmelzverfahren geeignet: Vollformgießen statt des bisherigen Hohlformgießens. Das Kunstschaumstoffmodell wird als „verlorenes Modell" in der Form belassen, verbrennt und vergast beim Eingießen des flüssigen Metalles ohne Rückstand. Durch Brennen bei 700 bis 1000 °C wird die Form ausgeschmolzen und ist nun gießfertig. Der flüssige Stahl wird mit 0,2 bis 0,6 bar hineingedrückt. Man erreicht 0,05 mm Toleranz bei kleinen und bis 0,1 mm bei großen Stücken. Teile im Gewicht von 1 g bis 5 kg werden hergestellt.

Bei der Verfahrensänderung bringt eine neuzeitliche Spritzgußmaschine für kleine Massenteile neben Steigerung der Genauigkeit erhebliche Zeitersparnis gegenüber den bisherigen Form- und Gießverfahren. Mit Zinklegierungen können je nach Stückgewicht 400 bis 600 Stück je Stunde, mit Magnesiumlegierungen etwa 200 Stück hergestellt werden.

2.3.7. Herabsetzung der Grundzeit (Nebennutzung). Hier liegt die Möglichkeit einer beachtlichen Leistungssteigerung, da die Auf- und Abspannzeiten für die Werkstücke, das Messen, Anstellen, Schalten, Nachstellen von Anschlägen usw. oft einen großen Prozentsatz der Grundzeit ausmachen.

Fernbetätigte Schalter machen bei Mehrmotorenbetrieb die Bedienung mühelos und ersparen Gehwege. Schwenkschalter mit Vereinigung mehrerer Signalgaben in einem Hebel bringen ebenfalls eine Verringerung der Nebennutzungszeit.

Immer aber werden dabei noch vom Bedienungsmann Werkzeuge und Werkstücke in die gewünschte Stellung gebracht, verschiedene Maßstäbe abgelesen, mit dem Arbeitsergebnis verglichen und die Maschine gesteuert. Die Teilfunktionen in der Maschine selbst (Längs-, Quervorschub, Eilgang und evtl. Spannbewegung) werden dabei heute selten mechanisch ausgeführt (Stößel, Hebel, Steuerkurve; teuer und dem Verschleiß unterliegend), gelegentlich pneumatisch (Einfach-, Doppel-, Teleskopzylinder, Absperr-, Drosselventile; unempfindlich gegen kleine Undichtheiten), meist hydraulisch (Arbeitszylinder, Steuerschieber,

Druckeinstellgeräte; sehr empfindlich gegen Undichtheiten, aber weich in der Bewegung). Bei der Automatisierung geht man von Handsteuerungen für diese Teilfunktionen zur selbsttätigen Steuerung über (vgl. Abschnitt 2.4.3).

a) Steuerung des Arbeitsablaufes mittels Programm und Lochkarte [34]. Um die Unzulänglichkeit der Menschen und den Mangel an geeigneten Facharbeitern auszugleichen und die an den Maschinentakt gebundenen menschlichen Nebenarbeiten (Messen- und Einstellen) auch noch auf die Maschine zu übertragen, wurden teil- oder vollautomatisch gesteuerte Maschinen entwickelt. Geeignete Hilfsmittel hierzu bieten Bauelemente der elektrischen Nachrichtentechnik (Druckknopfschalter, Mehrstellenwahl-, End-, Schrittschalter und Zeitrelais) und der automatischen Datenverarbeitung (Lochkarte, Lochstreifen, Magnetband). Sie übernehmen die Signalgabe, Verarbeitung und Überwachung, stellen über Hubmagnete usw. pneumatische oder hydraulische Steuerorgane und lenken den Energiefluß zu den Antriebselementen. Man spricht dabei vom Positionieren[1] der Werkzeuge und Werkstücke in der Werkzeugmaschine nach Programm, wobei man unter elektrischer Programmsteuerung das Aufstellen, Speichern, Weitergeben und Ausführen eines Arbeitsprogramms versteht. Da der Weg des Werkzeuges und Werkstückes in einzelne Schritte zerlegt wird, muß auch die Zeichnung anders bemaßt sein, wobei die Stellung des Werkstückes auf den Koordinatennullpunkt der Maschine festgelegt wird.

Im einzelnen erfolgt die Übertragung der benötigten Daten (Zahlenangaben, daher numerische Steuerung) auf die Werkzeugmaschine über als Informationsträger benützte Kreuzschienenverteiler, Schrittschaltwerke und dergleichen, denen das Programm durch Stecken von Stöpseln (Kreuzschienenverteiler), durch im Büro geschriebene Lochkarten oder Lochstreifen oder über Magnetband mitgeteilt wird. Dabei sind Befehle notwendig, die Angaben über alle von der Maschine auszuführenden Funktionen (Arbeitsinformation) und zurückzulegenden Wege (Weginformation) enthalten müssen. Als erste Stufe werden nach Aufbringen der Aufspannvorrichtung und Einspannen des Werkstückes und Werkzeuges die notwendigen Maschinenwege in der vorgeschriebenen Reihenfolge abgefahren und jeweils am Ende der Bewegung auf der auswechselbaren Schiene Steuernocken gestellt. Die Berührung dieser Nocken mit den Tastschaltern (Schaltpunkte) löst Signale aus, die im Programmwerk das Abtasten der nächsten Lochreihe der Lochkarte veranlassen. Da die Lochkarte auf einer leitfähigen Trommel befestigt ist, gehen nur jene Signale weiter, die auf Löcher treffen, so daß die vorher festgelegten Teiloperationen der Maschine richtig ausgelöst werden.

---

[1] Im Vorrichtungsbau ist die allgemein gebräuchliche Bezeichnung für das Ausrichten von Werkstück oder Werkzeug innerhalb der Vorrichtung: „bestimmen".

Bild 2.43 zeigt als Zwischenstufe eine Fräsmaschine, bei der alle Wege und Arbeitsinformationen von Hand eingestellt werden. An entsprechenden Schaltergruppen können einmal nach „Abfahren" des ersten Werkstückes mittels Handsteuerung aufgrund von Leuchtziffern Tischwege als Bezugsmaße und Arbeitsbefehle als Codeziffern eingestellt werden. Oder es werden bei umfangreichen Programmen anhand wiederholt verwendbarer Programmtabellen diese Einstellungen vorgenommen.

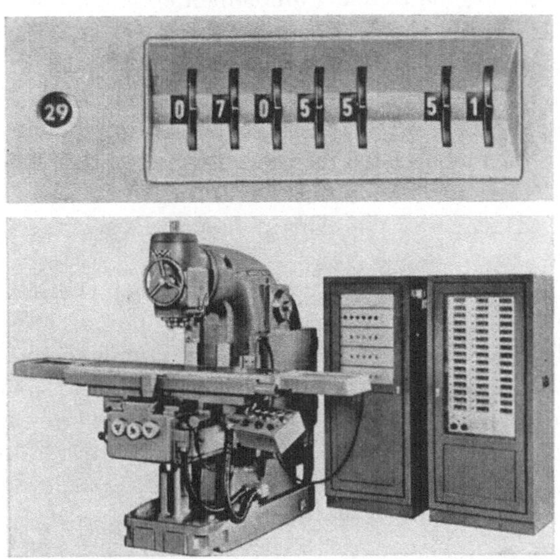

Bild 2.43. Fräsmaschine mit Digitomatic-Steuerung, Tischwege werden als Bezugsmaße, Arbeitsbefehle als Codeziffern 0 bis 9 von Hand über Dekadenschalter eingegeben. Oben: Schaltergruppe für einen Programmschritt. Auch mit Lochstreifensteuerung lieferbar (Bauart Wanderer-Werke, Haar bei München)

b) Programmsteuerung mittels Lochstreifen und Magnetband [35]. Bei der Lochstreifensteuerung befinden sich anstelle von Steuernocken an der Maschine Wegmeßeinrichtungen. Diese lösen bei Übereinstimmung der vorgegebenen Sollwerte mit den Istwerten den nächsten Arbeitsgang aus. Die Informationen werden aus den 8 Spur-Lochstreifen mit einem Lochstreifenleser in die Steuerschaltung gegeben, die Lochstreifen selbst mit einer Schreibmaschine mit angeschlossenem Lochstanzer hergestellt. Als Arbeitsinformationen (Vorschubrichtung, -geschwindigkeit, Drehzahlen, Kühlmittelzufuhr, Werkzeugwechsel usw.) dienen Adreßbuchstaben mit Schlüsselzahlen, als Weginformationen Adreßbuchstaben mit Ziffern (Weg- oder Ortsangaben).

Die Steuerung von Fertigungs- und Überwachungsvorgängen mittels Magnetbändern wird vorerst wegen des erheblichen technischen Aufwandes nur bei Vorgängen mit höchsten Ansprüchen an Vielseitigkeit und Genauigkeit angewendet.

c) Steuern und Regeln in der Verfahrenstechnik [36]. Um chemische Vorgänge automatisch ablaufen zu lassen, braucht man geeignete Meß-

werte (Temperatur, Druck, Leitfähigkeit, Gas-, Dampf-, Flüssigkeits-
menge, Gewicht usw.), da meist erst bei Erreichen eines bestimmten
Zustandswertes (besonders im Chargenbetrieb) die nächste Verfahrens-
stufe ausgelöst wird. Im einfachsten Fall genügt ein halbautomatischer
Handprogrammschalter (Mehrstufenschalter) für die nach Programm
einstellbare Betätigung von 25 und mehr Ventilen oder anderen Stell-
gliedern. Die automatische Programmsteuerung muß aber nicht nur
durch Stellglieder die einzelnen Funktionen einleiten und unterbrechen,
sondern zusätzlich die notwendigen Regelgeräte in Betrieb setzen, die
den Prozeß bei den vorgeschriebenen Betriebsdaten führen. So sind dann
z. B. Mengen-Voreinstellzähler erforderlich, um die einzelne Flüssigkeit
zuverlässig und genau abzumessen, Regelgeräte, um die Temperatur
einzuhalten, und Steuergeräte, um das Einhalten der Reaktionszeit zu
gewährleisten. Darüber hinaus müssen Verriegelungen oder Rückmelde-
organe dafür sorgen, daß ein Ablauf erst freigegeben wird, wenn der
vorangehende abgeschlossen ist.

Bei der Lochkartensteuerung, eingeführt beim mechanischen Abtasten der Webmuster durch Stahlstifte beim Jaquardstuhl, enthält die
Lochkarte alle Verarbeitungsdaten. Sie bestimmt Anzahl und Art der
Prozesse, Gewichte und Reihenfolge der Mischung usw. sowie die Weiter-
beförderung des Gutes. Die explosionssichere pneumatische Programmsteuerung in der chemischen Industrie arbeitet mit Strahldüsen (Bild 2.44)
für Druckluft, wobei im freien Raum zwischen Strahldüsen und Empfangsdüse die Lochkarte bewegt wird.

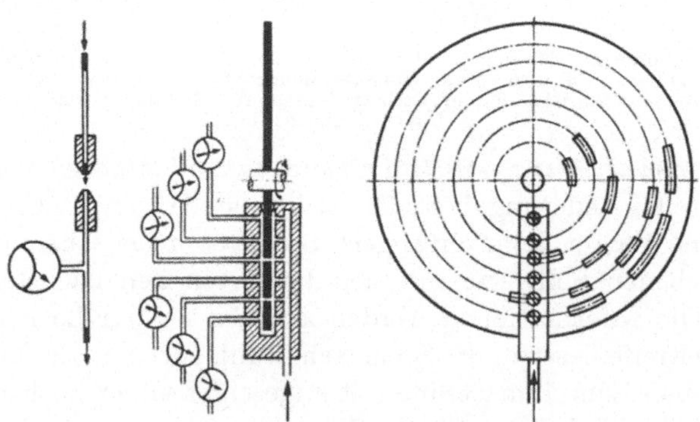

Bild 2.44. Pneumatische Programmsteuerung, wobei die Lochkarte den Luftstrom zwischen Strahl-
und Empfangsdüse unterbricht (Verstärkerrelais erhalten den Druck nach gelochtem Programm).
Lochschlitze entsprechen den Zeitabschnitten, in welchen die Stellglieder betätigt werden sollen
(Bauart AG für Chemie-Apparatebau, Männedorf-Zürich)

d) Vorrichtungen als eine im betrieblichen Sprachgebrauch eingebür-
gerte Bezeichnung für Fertigungs-, Meß-, Prüf- oder Fördermittel [37]
verschiedenster Art, dazu bestimmt, im Zusammenwirken mit Maschine
und Werkzeug die wirtschaftlichste Ausnutzung der vorhandenen Einrichtungen zu erreichen, verringern die Nebennutzungszeit und den
Arbeitsaufwand je Werkstück. Sie sichern außerdem größtmögliche

Gleichmäßigkeit der Herstellgüte. Vorrichtungen sind aber auch in der Einzelfertigung oft technisch bedingt, um die Fertigung eines Werkstückes mit der von der Konstruktion verlangten Genauigkeit überhaupt zu ermöglichen.

Da die Spannzeiten meist einen erheblichen Teil der Gesamtfertigungszeit ausmachen, geht man vom einfachen Schraubstock über die Spannzange zu selbstzentrierenden, mit Preßluft oder elektrisch betätigten Schnellspannern der verschiedensten Ausführung. Dabei setzen sich für die Erzeugung kraftbetätigter Längsbewegungen hydraulische und pneumatische Kolbentriebe immer mehr durch. Der hydraulische Antriebszylinder wird meist für große Kräfte bei begrenzten Raumverhältnissen angewandt. Der pneumatische ist für geringere Kräfte bei schnellem Vor- und Rücklauf in durch Festanschläge bestimmten Endlagen geeignet und bietet sehr einfache, wenn auch weniger genaue Vorschubregelung. Elektromagnetische Aufspanngeräte werden für Teile mit ebenen Flächen besonders günstig eingesetzt.

Um den Maschinenstillstand beim Auswechseln der Werkstücke zu sparen, kann man bei Bohr- und Fräsmaschinen einen Schwenktisch (Bild 2.45) mit einer zweiten Aufspannvorrichtung anbringen, so daß die Maschine nur beim Schwenken des Tisches leersteht. Dadurch wird die Spannzeit eines Werkstücks in die Hauptnutzungszeit des anderen gelegt.

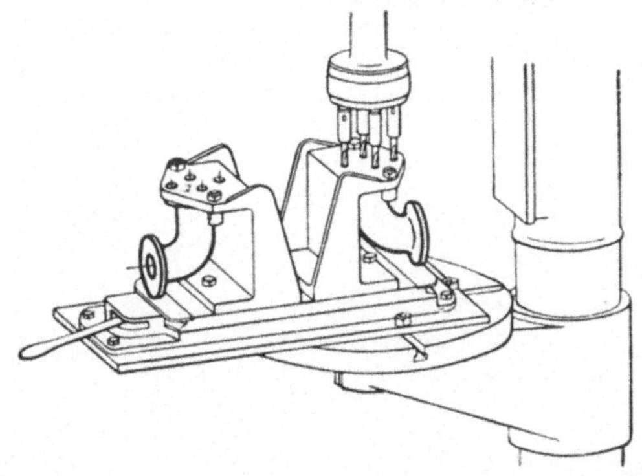

Bild 2.45. Schwenktisch mit zwei Aufspannvorrichtungen an einer Bohrmaschine

Da der Einsatz von Vorrichtungen oft durch die schnellere Folge des Spannens, Werkstückanhebens usw. eine erhöhte körperliche Anstrengung bringt, müssen die vom Arbeiter aufzuwendenden Kräfte [38] möglichst verkleinert werden (Bild 2.46). Endziel bei größeren Stückzahlen ist die Automatisierung der Vorgänge (Werkstückhandhabungen). Welche Teilaufgaben dabei gelöst werden müssen, läßt nachstehendes Schema erkennen. Es soll zugleich zeigen, wie bei einer verketteten Fertigung die folgende Arbeitsstelle sich an die vorhergehende anschließt. Bild 2.47 deutet die Vielseitigkeit der dabei entstehenden Aufgaben an.

Der durch die Vorrichtung erzielte Gewinn soll klar ermittelt werden, wobei die Einsparungen allgemein um so größer sind, je höher die zu fertigende Stückzahl oder je höher die Einsparung an Nebennutzungszeit oder gar Maschinenzeiten ist (Bild 2.48 und 2.49). Die Wirtschaftlichkeit einer Vorrichtung ist dann gegeben, wenn die Kosten des mittels

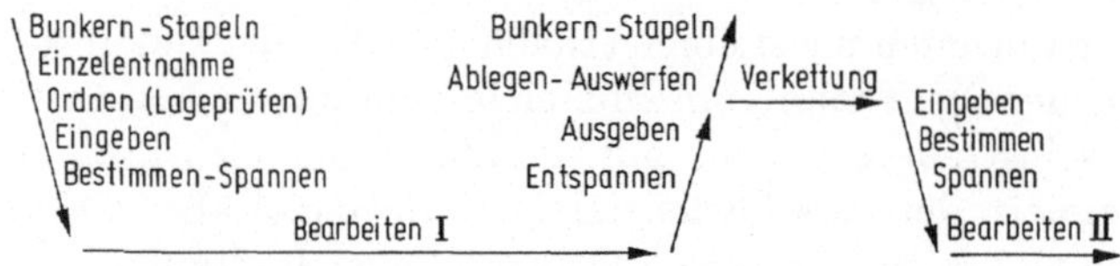

Art und Richtung der Arbeitsbewegung		stehend oder sitzend	Im Betrieb ermittelt:	
			geeignete Kraft in N	gültig für Arbeitshub in mm
	Handbetätigung Druck des Daumens gegen die übrigen Finger	stehend und sitzend	110	20···30
	Armbetätigung Zug mit 1 Arm waagerecht in Blickrichtung	sitzend	240	300
	Armbetätigung Druck mit 1 Arm senkrecht nach unten	stehend	180	200
	Beinbetätigung Druck mit 1 Bein senkrecht nach unten	stehend	250	100
		sitzend	130	80

Bild 2.46. Durch Betriebsuntersuchungen festgestellte, geeignete Betätigungskräfte bei einer Häufigkeit von 6 Arbeitsabläufen je Minute

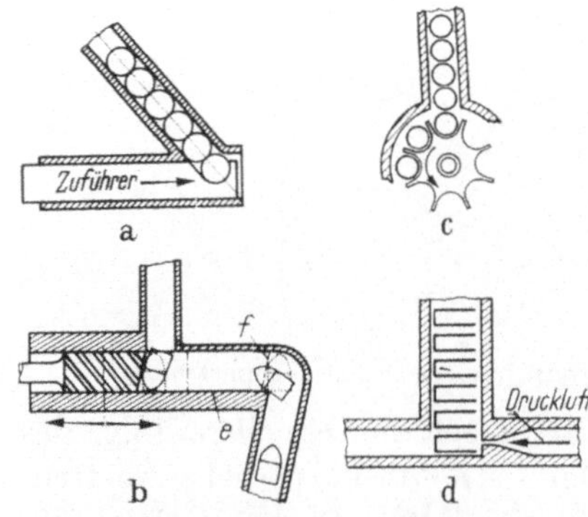

Bild 2.47. Zuführungseinrichtungen.
a) und b) Für vorgearbeitete Teile mit hin-
und hergehender Bewegung, wobei besonders die
Verbindung mit dem Gleichrichten verjüngter
Teile sichtbar wird; c) zeigt eine Lösung für
mechanisches Vereinzeln; d) durch Druckluft

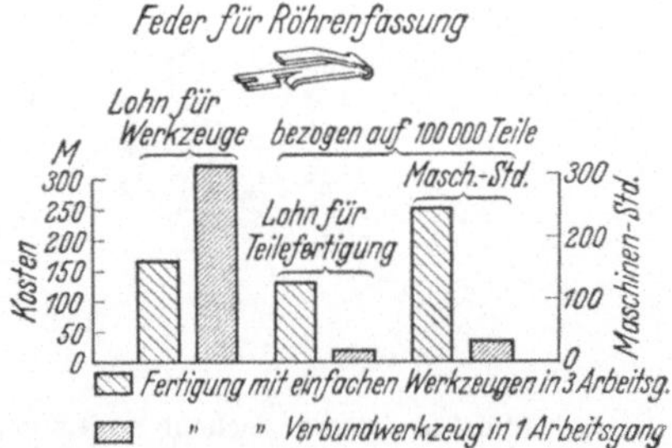

Bild 2.48. Lohnkosten für Werkzeug und Teil bei einfachen und Verbundwerkzeugen [37]

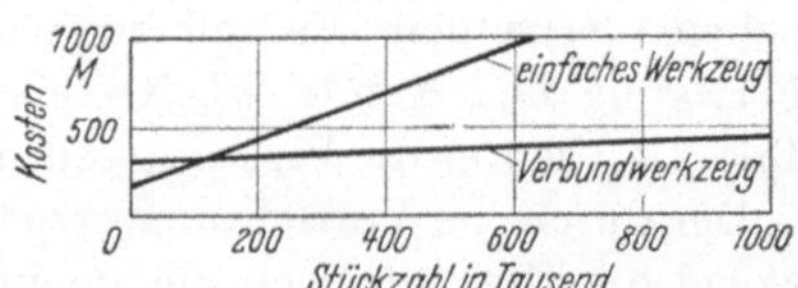

Bild 2.49. Kosten der Feder von Bild 2.48

Vorrichtung hergestellten Arbeitsstückes einschließlich der Kosten der Vorrichtung geringer sind als die Kosten des ohne Vorrichtung gefertigten Werkstückes.

Beispiel: Bei der Verwendung eines Mehrfachschnittes sinkt die Zeit für das Ausschneiden von Werkstücken in einer Stanzerei von 1 s auf $^1/_2$ s je Stück. Der Stundenlohn beträgt 8,50 DM, der Gemeinkostenzuschlag 300% des Lohnes. Wieviel darf der Doppelschnitt mehr kosten als die Einfachvorrichtung, wenn das darin angelegte Geld mit 10% verzinst und mit 15% getilgt werden muß? Die jährliche Stückzahl beträgt 500000 Stück entsprechend einer Gesamtarbeitsdauer von 500000/3600 = 140 h bei Verwendung einer Einfachvorrichtung oder 70 h mit Doppelvorrichtung.

Die Lohnersparnis mit Doppelvorrichtung beträgt 70·8,50 (1 + 300/100) = 2380 DM. Diesem Betrag dürfen die Mehrkosten der Doppelvorrichtung einschließlich Verzinsung und Abschreibung gleich sein. Mit dem Zinssatz von 10% und dem Tilgungssatz von 15%, zusammen 25%, erhält man: K (1 + 25/100) = 2380 oder K = 2380/1,25 = 1904 DM [39].

Werden durch die Vorrichtung unter Umständen auch Materialkosten gespart, so sind diese gesondert ebenfalls zu berücksichtigen. Da aber die zu fertigenden Stückzahlen nicht immer beeinflußbar sind, müssen vor allem die Vorrichtungskosten selbst durch weitgehende Normung der Vorrichtungsteile gesenkt werden. Aufnahme-, Spann- und Werkstückführungselemente gehören hierher. Bei kleineren Unternehmungen mit vielverzweigtem Erzeugungsprogramm ist auch auf vielseitige Verwen-

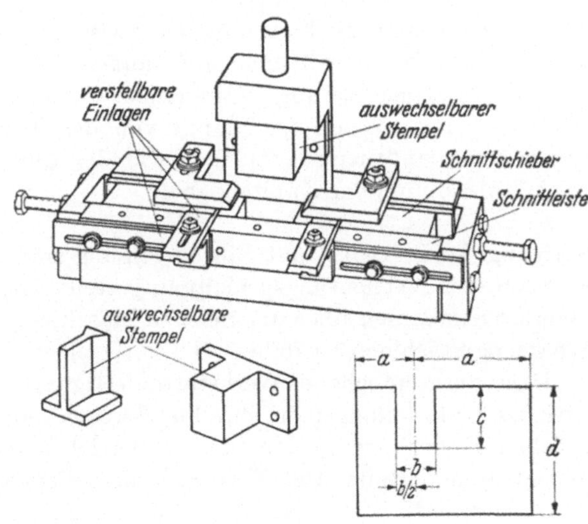

Bild 2.50. Vielseitig verwendbare Vorrichtung als Ausklinker für verschieden große Ausschnitte. *a* bis 135 mm, *b* 55 bis 100 mm, *c* 60 bis 100 mm, d beliebig

dungsmöglichkeit der vorhandenen Vorrichtungen zu achten (Bild 2.50). Gute Vorrichtungen gestatten vielfach, statt hochwertiger Maschinen einfachere zu benutzen, gewährleisten durch die zweckmäßige Aufspannung der Werkstücke volle Ausnutzung der Maschinenleistung, verkürzen auch die Maschinenzeit und vermindern durch höhere Genauigkeit und Gleichmäßigkeit der Werkstücke Nacharbeiten.

Wesentlich bleibt noch, daß der Planer nicht nur größere Vorrichtungen vorplant und rechtzeitig an die Vorrichtungskonstruktion weitergibt, sondern es müssen auch bisher nicht vorhandene handelsübliche Werkzeuge aller Art eingeplant werden.

2.3.8. Arbeitsgestaltung. Alle Bemühungen, die Produktion zu steigern, die Qualität zu verbessern und Ausschuß zu bekämpfen, entsprechen dem Wunsche, eine Arbeit einfacher, schneller, billiger, aber auch besser auszuführen. Sofern es sich um die Entwicklung bzw. Anwendung von Produktionsmethoden und Produktionsmitteln handelt, spricht man von produktionstechnischer Arbeitsgestaltung. Diese muß aber keinesfalls mit einer Belastungsminderung bei den Arbeitskräften einhergehen. Im Rahmen einer echten Arbeitsgestaltung gewinnt daher auch eine Angleichung der Arbeitsanforderungen an die menschliche Leistungsfähigkeit, sei es bezüglich Arbeitsplatz, Arbeitsmittel oder Arbeitsumgebung, erhöhte Bedeutung.

2.4. Fertigungsarten

Die Entscheidung, nach welcher Fertigungsart zwischen den beiden Extremen — handwerkliche Arbeit und aufs äußerste spezialisierte Massenfertigung mit Automatisierung — in einem Unternehmen am zweckmäßigsten gearbeitet werden soll, hängt von den Erzeugnissen, den Stückzahlen, den vorhandenen oder zu beschaffenden Einrichtungen, den Personalverhältnissen und der Kapitallage ab.

2.4.1. Einzelfertigung. In Betrieben mit Einzelfertigung sind die Werkzeugmaschinen nach dem Verrichtungsprinzip aufgestellt. Die verschiedenartigsten Werkstücke laufen über die gleichen Maschinen. Die Auslastung der Werkzeugmaschinen ist daher sehr unterschiedlich. Immer dann besteht diese ausgesprochene Werkstättenfertigung, wenn die Größe des Betriebes Unterteilungen in einzelne Bereiche nötig macht. Die handwerklichen Kenntnisse spielen in den Betrieben der Einzelfertigung eine bedeutende Rolle. Der Transport der Werkstücke von Arbeitsplatz zu Arbeitsplatz ist ein besonderes und kostenaufwendiges Problem.

2.4.2. Serienfertigung. Die für ein Los oder einen Auftrag erforderliche Stückzahl bzw. Menge wird an einem Arbeitsplatz oder an einer Maschine ohne Unterbrechung durch Einrichtearbeiten gefertigt. Bei der Kleinreihenfertigung mit stark wechselndem Programm wird man die Maschinen nach dem Arbeitsablauf bei den schwersten und am meisten vorkommenden Werkstücken aufstellen, um Transportkosten zu sparen (Flußprinzip). Den Rest der Maschinen wird man unter Umständen nach Arten abteilungs- bzw. gruppenweise zusammenfassen, z. B. Pressen, Schweißmaschinen, Galvanisierung usw. Aber auch die Aufstellung der Maschinen bei den Werkstücken mit längster Bearbeitungszeit kann zweckmäßig sein. Versetzbare Maschinen, die heute in diesem und morgen in einem anderen Fertigungsablauf arbeiten, gewinnen an Bedeutung. Selbst aus Gewichts- oder Fundamentgründen nicht versetzbare Pressen können mittels Förder-Rinnen, Rutschen usw. wechselweise hinter- oder nebeneinander arbeiten. Hier gibt der Durchlaufplan für die einzelnen Teil ein Abstimmung mit der Größe der jeweiligen Serie und der Häufigkeit der Wiederkehr den besten Anhalt.

a) Linienfertigung, lose Fertigungskette. Bei der Großreihenfertigung bedingen die am Werkstück nacheinander vorzunehmenden Arbeitsgänge Art und möglichst auch Reihenfolge der Maschinen, die bereits in gewisser Beziehung für den Sonderzweck eingerichtet werden. So wird es möglich, das Werkstück in rascher Folge von Bearbeitung zu Bearbeitung durchlaufen zu lassen, also von der Werkstätten- zur fließenden Fertigung zu kommen (Bild 2.51), wobei manche Werkstücke einzelne Maschinen oder Handarbeitsplätze überspringen. Diese Fertigungsart

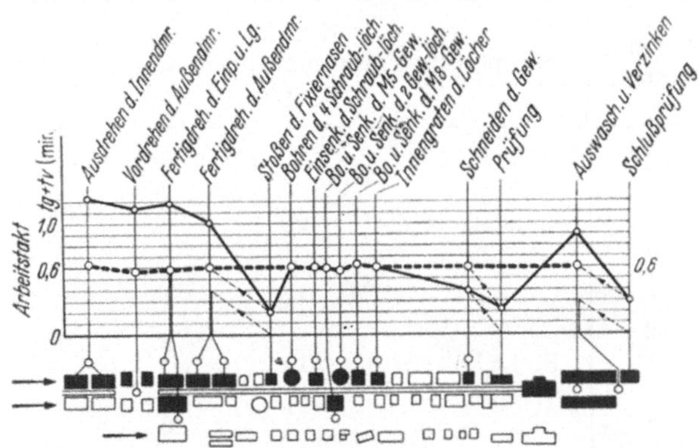

Bild 2.51. Aufstellung von Maschinen zur Herstellung eines Erzeugnisses in 40 Arten (nach Klöblen). Die schwarz markierten Maschinen sind für einen Typ erforderlich. Die Punkte des voll ausgezogenen Linienzuges bedeuten die vorgegebenen Zeiten. Die punktierte Linie würde einem stetigen Arbeitsfluß entsprechen

kann auch in Betrieben mit stark wechselndem Programm erreicht werden, indem Werkstücke gleicher Form und Bearbeitungsfolge zusammengefaßt und innerhalb einer Fertigungsstraße gefertigt werden, z. B. Wellen, Bolzen, Flanschen, Büchsen, Deckel, gehäuseähnliche Teile usw. (vgl. Bild 2.19). Auch genügt es oft, wenn gewisse Bearbeitungsbilder, z. B. Bohrbilder, übereinstimmen, wie z. B. Gußgehäuse für Zahnräder.

Um an Transportarbeiten zu sparen (vgl. Bild 2.73), wird man versuchen, mit einfachen Rinnen oder Rutschen (Bild 2.52) einen Arbeitsfluß zu erreichen. Sind die Stückzahlen genügend groß, so wird es auch bereits wirtschaftlich sein, die Werkstückhandhabung zu automatisieren, um Bedienungskräfte zu sparen. An Stelle einer starren Verkettung,

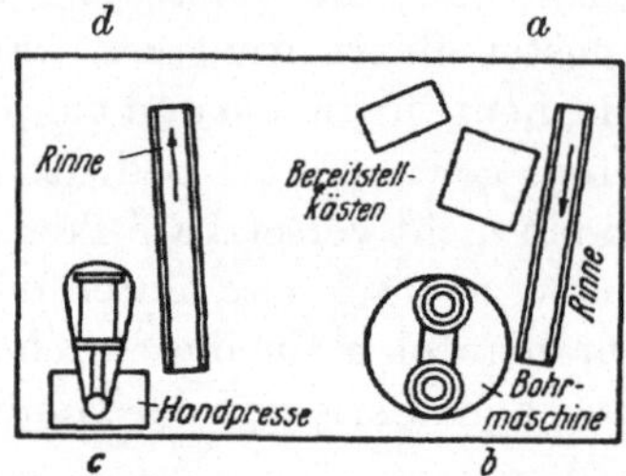

Bild 2.52. Reihenfertigung mit einfachsten Rutschen fließend gestaltet. *a* Einlegen, *b* Bohren, *c* Vernieten, *d* Prüfen, Verpacken

die bei Ausfall einer einzigen Maschine Verlustzeiten an der ganzen Straße verursacht, ist die lose Verkettung mit zwischengeschalteten Werkstückspeichern zweckmäßig. Der Weg geht hier von der selbsttätigen Zuführung der gebunkerten oder gestapelten Teile (Magazin) zur Verkettung mehrerer Maschinenarbeitsplätze, sofern die einzelnen Vorgänge

Tabelle 2.11. Unterteilung der Zusammenarbeit einer Drehmaschine im 4-h-Arbeitstakt

Arbeits-gang	Hauptgruppe	Zeit der Hauptgruppen in h	Untergruppen Zeit in h	Anzahl Personen
1			4	
2			4	
3	Spindelkasten	20	4	5
4			4	
5			4	
6			4	
7	Bettschlitten	14	4	3,5
			4	
8			2	
9			2	
10	Bett	10	4	2,5
11			4	
12	Reitstock	4	4	1,0
13			4	
14	Elektrische	14	4	3,5
15	Ausrüstung		4	
			2	
16	Gesamt-		2	
17	Zusammenbau	10	4	2,5
18			4	
		72	72	18

auf die gleiche Taktzeit gebracht werden können. Förderbänder oder halbautomatische Tischkreisförderer sind hier anwendbar, auch bei nicht ausgetakteten Arbeitsvorgängen. Vorteil der Linienfertigung gegenüber der Werkstättenfertigung ist ihre Übersichtlichkeit, leichteres Anlernen der Arbeitskräfte, einfache Terminverfolgung und Vermeidung des Papierkrieges (Zählkontrolle, Registrierarbeit und Transport von einer Werkstätte in die andere).

b) Gruppen- und Endzusammenbau. Im Zusammenbau bei der Reihenfertigung, wo bereits ähnliche Voraussetzungen für den Aufbau der Erzeugnisse gelten, und bei Geräten, die in Fließarbeit herzustellen sind, werden die Einzelteile einer Baugruppe je Auftrag in Gestellen gesammelt und bereitgestellt. Der Zusammenbau einzelner Gruppen sowie auch der Endzusammenbau erfolgen durch eine besondere Schlossergruppe, wobei angestrebt wird, daß ein Mann immer die gleichen Arbeiten ausführt. Das Erzeugnis entsteht dabei stufenweise: Die Arbeitsgruppe beginnt am ersten Arbeitsplatz, verrichtet ihre Arbeit und wandert mit ihren Werkzeugen zum nächsten Arbeitsplatz. Eine grobe Abstimmung der Arbeiten bzw. der Schlossergruppe ist notwendig, weil eine etwa zu groß bemessene Gruppe sonst warten müßte, bis die ihr vorausgehende Gruppe mit ihrer Arbeit fertig ist. Tabelle 2.11 ist ein Beispiel für die Unterteilung der Zusammenbauarbeit an einer Drehmaschine.

Für kleine und dem Gewicht nach nicht aus dem Rahmen fallende Teile bietet der halbautomatische Tischkreisförderer zur losen Verkettung von Arbeitsplätzen wirtschaftliche Vorteile. So zeigt Bild 2.53 eine Anlage für die Schuhoberteilfertigung, bei der die Arbeit in Losen zu 20 Stück vom Verteilerplatz (im Bild vor dem Überwachungspult) in Kästen auf die mit Wähleinrichtungen (Druckknopfschalter) versehenen Förderschalen gesetzt wird. Je nachdem welche Arbeitsplatztaste gedrückt (angewählt) wird, fördert der Kreisförderer den Kasten zu diesem Platz und wirft ihn dort ab. Zieht die betreffende Arbeitskraft den Kasten von der mit Kontaktleisten versehenen Abstellbahn und erledigt die Arbeit laut Arbeitskarte, leuchtet am Überwachungspult die entsprechende Platzlampe auf und meldet den Platz frei und aufnahmebereit für neue Arbeit. Nach Arbeitserledigung leitet die Arbeiterin selbst den Förderkasten zur nächsten Arbeitsstelle, indem sie die zugehörige Taste des Schalters drückt. Über die Kontrollstation A 1 kehrt alle Arbeit wieder zum Verteiler zurück.

2.4.3. Massenfertigung und Fließarbeit mit dem Ziel der größtmöglichen Leistung bei geringstem Menschen- und Kapitalaufwand setzt innerhalb eines längeren Zeitausschnittes die Erzeugung gleicher Arbeitsstücke (Massengüter) voraus, so daß eine weitgehende Mechanisierung des Arbeitsablaufes wirtschaftlich ist. Die große Stückzahl ist auch gleichzeitig Voraussetzung der Fließarbeit [40], d. h. einer örtlich fortschreitenden, zeitlich abgestimmten, lückenlosen Folge von Arbeitsvorgängen.

Bild 2.53. Tischkreisförderer für 42 Arbeitsplätze einer mit 38 Frauen besetzten Schuhfabriksabteilung.
Jeder auf die Transportschalen gesetzte Förderkasten kann vom Disponentenplatz aus auf jeden
Arbeitsplatz angesteuert und abgerufen werden. Desgleichen kann jeder Arbeiter für die erledigte
Arbeit über Drucktasten (im Bild zwischen den Transportschalen sichtbar) jeden beliebigen anderen
Arbeitsplatz am Band auswählen. Sind Abwurf und Reserveplatz an einem Arbeitsplatz belegt,
bleibt der Abwurf gesperrt und der Förderkasten wandert bis zum Freiwerden auf dem Varion-Kreis-
förderer. Für umfangreiche Arbeitsoperationen (A 5 und D 4) sind mehrere Arbeitsplätze vorhanden.
Mit Hilfe von 45% Winkelstationen können diese Anlagen in U- und S- oder Teilformen aufgestellt
werden (Bauart G. M. Pfaff AG, Kaiserslautern)

Für das Bearbeiten bestimmter Konstruktionsteile, wie z. B. Zylinder-
blöcke für Verbrennungsmotoren, Getriebegehäuse usw., hat sich die
starr verkettete Transferstraße durchgesetzt. Das sind vielfach Ein-
zweckmaschinen, die sich in gewissem Maße für artähnliche Teile umrichten lassen — Aufbaueinheiten —. Ein spezieller Werkstückträger mit
Spann- und Fördermöglichkeit dient der Verkettung. Um zu dieser
hohen Stufe wirtschaftlicher Gütererzeugung zu gelangen, muß der Absatz der großen Stückzahl über die Vereinheitlichung der Konstruktion
(Typisierung) und Vereinheitlichung der Bauteile (Normung) ermöglicht
werden. Da eine fließende Fertigung aber auch einen zeitlich gleichbleibenden Anfall der gleichen Arbeitsstücke aus dem vorhergehenden
Arbeitsgang bedingt, ist eine weitgehende Zerlegung (Aufgliederung)
aller Arbeitsvorgänge notwendig, um sie unter Berücksichtigung der
zeitlichen Abstimmung wieder neu zusammenzusetzen (abzustimmen, ab-
zutakten). Diese Aufteilung ist in ihren Etappen von Taylor und Ford
charakterisiert.

Taylor setzte an die Stelle des empirisch arbeitenden Arbeiters und
Meisters den technisch-wissenschaftlich geschulten Ingenieur und schal-

70

tete alle unnützen und kraftraubenden Handgriffe durch zweckmäßigste Ausbildung von Werkzeugen, Hilfseinrichtungen und Maschinen aus. Er verkürzte damit den Einzelarbeitsvorgang. Bei hinreichend großer Stückzahl werden Sondermaschinen und Sonderwerkzeuge eingesetzt.

Ford verkürzte die Unterbrechungszeit zwischen den einzelnen Arbeitsgängen durch fließenden Aufbau der Arbeitsfolgen. Fließarbeit ist also das Ergebnis einer wissenschaftlichen Durchdringung des Betriebes, wobei als auffälligster Vorteil die Produktionsbeschleunigung zutagetritt (Bild 2.54 und 2.55): Verkürzte Durchlaufzeit, geringere Förder-

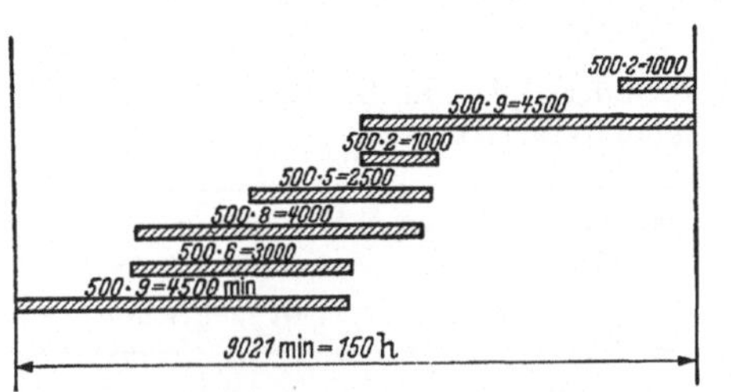

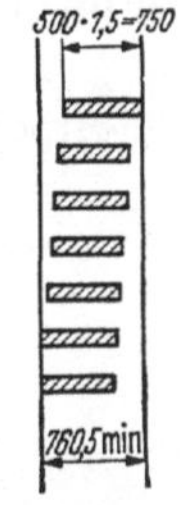

Bild 2.54. Früher: Reihenfertigung mit gewöhnlichen Maschinen. Hierbei liegen stets rd. 1500 Werkstücke mit zusammen 22500 kg in der Fertigung

Bild 2.55. Jetzt: Fließfertigung mit automatischer Fertigungsstraße. In der Fertigung liegen nur 12 Werkstücke mit zusammen 180 kg

Bild 2.54 und 2.55. Durchgangszeiten für 500 Zylinderköpfe bei Reihen- und Fließfertigung (nach Angaben der Fa. Klöckner-Humboldt-Deutz)

kosten, weil die Arbeit von Arbeitsplatz zu Arbeitsplatz weiterfließt, geringerer Raumbedarf, weil die Vorratslager zwischen den einzelnen Arbeitsplätzen gespart werden (Bild 2.56), vereinfachte Lohn- und

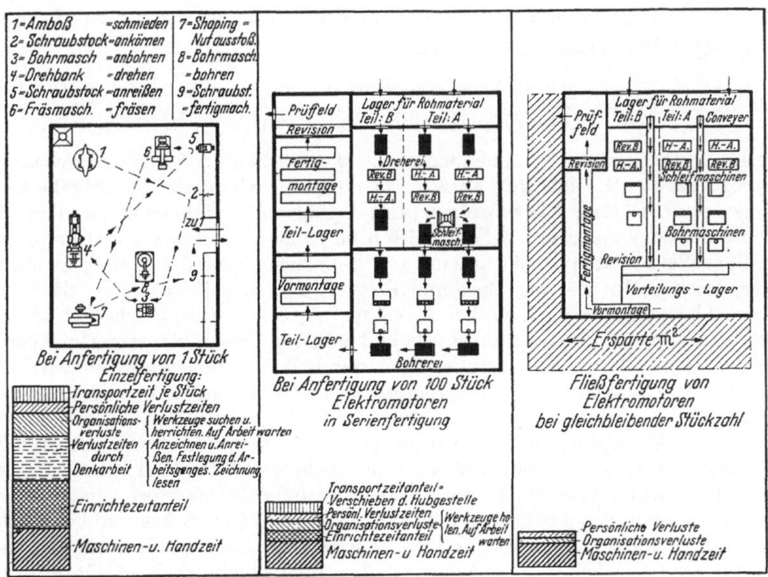

Bild 2.56. Raumvergleich bei Einzelfertigung, Reihenfertigung und Fließarbeit (nach Köttgen)

Betriebsabrechnung, da das Ergebnis der ganzen Straße, nicht aber die Einzelleistung erfaßt wird. Zweckmäßige Arbeitsaufgliederung bringt Arbeitskrafteinsparung, das Hineinziehen der Arbeitenden in den Rhythmus des Arbeitsflusses Leistungssteigerung, nicht zu vergessen auch Vereinfachung der Terminkontrolle, und durch die verkürzte Durchlaufzeit Kostenersparnis (Tabelle 2.12). Demgegenüber steht die Notwendigkeit besonders sorgfältiger Planung der Arbeit, der Maschinenüberholung (regelmäßige Prüfung und Auswechslung dem Verschleiß unterworfener Teile), der Werkstoff- und Werkzeugbevorratung und der zwangsläufige Ausfall der ganzen Straße bei Störung auch an nur einer Stelle.

Tabelle 2.12. Bearbeitungskosten für Zylinderköpfe (nach Angaben der Fa. Klöckner-Humboldt-Deutz)

Kostenart	Mit gewöhnlichen Maschinen in DM/Stück	Mit automatischer Fertigungsstraße in DM/Stück
Lohn	0,85	0,10
Werkzeugkosten	0,60	0,30
Stromverbrauch	0,10	0,04
Abschreibung und Verzinsung des Anlagekapitals	0,54	0,20
Lohnabhängige Betriebskosten	0,85	0,10
Gesamte Stückkosten	2,94	0,74

a) Arbeitstaktplanung. Vor allem muß die Stückzahl für die zu planende Fertigung geklärt sein. Es ist dann

$$\text{Taktzeit in min} = \frac{\text{tägl. Arbeitszeit in h} \times 60}{\text{tägl. erforderliche Stückzahl}} \times \frac{\text{Zahl der paralellen}}{\text{Fließreihen.}}$$

Beispiel: Bei einer Zusammenbautaktstraße werden in 8 h reiner Arbeitszeit 32 Geräte gebaut. So ist die Taktzeit, in der je ein Gerät die Fließstraße fertig verlassen muß, 15 min. Die einzelnen Arbeitsgänge sind nun so aufzuteilen, daß sie von einer oder mehreren Arbeitskräften an jedem Arbeitsplatz in 15 min, einschließlich Weitertransportzeit und etwa 15% Verlust (Ausfallzeit) erledigt werden können. Beträgt die gesamte Zusammenbauzeit 2 h, so heißt das also, da 15 min 8mal in 2 h enthalten sind, daß 8 Arbeitsplätze-Taktstellen geschaffen werden, also 8 Geräte innerhalb der Fließstraße in Fertigung stehen müssen. Die Abstimmung der möglichst an Musterfertigungen durch Zeitstudien ermittelten Arbeitszeiten auf die Taktzeit erfolgt zweckmäßig zeichnerisch nach Bild 2.57. Durch die Taktzeit wird zugleich die Monatsleistung festgelegt. In 200 Arbeitsstunden = 12 000 min im Monat können bei einer Taktzeit von 2,5 min höchstens 12 000/2,5 = 4800 Stück gefertigt werden, bei 1,1 min höchstens 12 000/1,1 = 10 800 Stück. Rechnet man noch 5% ab für Maschinenausfälle und sonstige Störungen, so erhält man eine Monatsleistung bei 2,5 min Taktzeit von rund 4500 Stück und bei 1,1 min Taktzeit von rund 10 000 Stück. Soll die Stückzahl größer sein, so muß man entweder die Gesamtarbeitszeit verlängern, also Mehrschichtarbeit einführen, oder mehrere Taktstraßen nebeneinander einrichten.

Allgemein wird die Zeitdauer der Arbeitstakte in der reinen Massenfertigung mit 1 bis 5 min bemessen. Um die Gefahr der Eintönigkeit zu meiden, werden heute längere Taktzeiten bevorzugt, die aber mehr Ein-

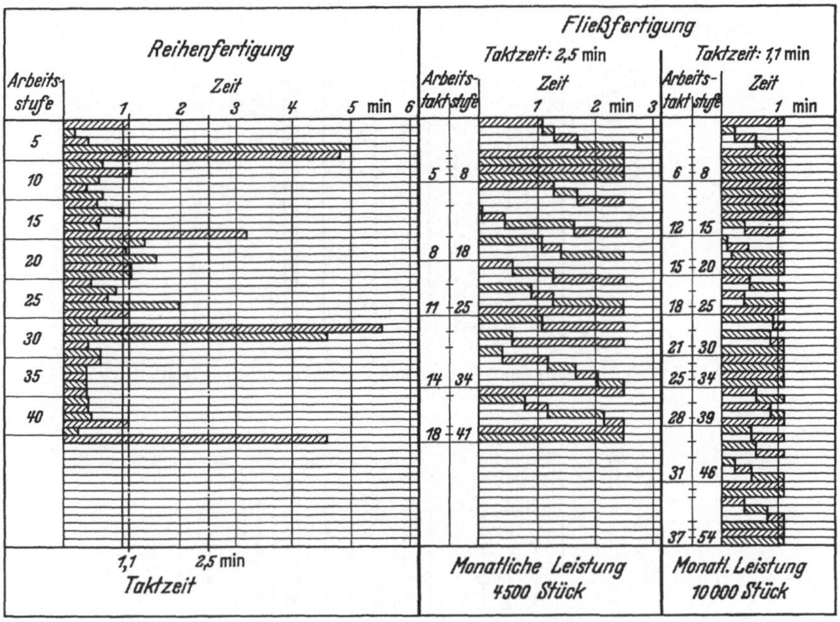

Bild 2.57. Zeichnerische Taktzeitabstimmung für die Herstellung eines Aluminiumgehäuses. Links Zeitdauer der 41 Arbeitsstufen. Rechts: Zusammensetzung der Taktzeit aus Arbeitsstufen beim 2,5 und 1,1 min-Takt (nach Dolezalek)

übungszeit verlangen. Für 15 bis 20 Arbeitsplätze ist ein sogenannter Einspringer zu halten, um Störungen infolge Ausfalles eines Arbeiters vorzubeugen. Alle Arbeitszeit, die mehr als die gewählte Taktzeit beträgt, muß durch Mehrmaschineneinschaltung, Heranziehung arbeitsparender Vorrichtungen, Mehrmenscheneinsatz usw. auf die Taktzeit gebracht werden. Man wählt jedoch bei größeren Stückzahlen als Arbeitstakt nicht die kürzeste Arbeitsstufe, sondern lieber mehrere parallelgeschaltete Fließstraßen mit längerer Taktzeit. Die Zusammenfassung mehrerer Arbeitsstufen in einem Takt bringt zwangsläufig eine schlechtere Ausnutzung derjenigen Werkzeugmaschinen mit sich, deren Stufenzeit wesentlich unter Taktzeit liegt. Der Arbeiter muß in diesen Fällen mehrere Vorgänge innerhalb der Taktzeit ausführen, sofern er dazu in der Lage ist. Da die Einrichtung teurer, nicht voll genutzter Werkzeugmaschinen an mehreren Arbeitsplätzen die Wirtschaftlichkeit der ganzen Straße in Frage stellen kann, muß man versuchen, die Arbeit an Plätzen mit teueren Maschinen so zu gestalten, daß diese während der ganzen Taktzeit zu tun haben, z. B. durch Einsatz zweckmäßiger Vorrichtungen, oder man muß unter Umständen auch durch Umgestaltung des Werkstückes selbst die Spezialmaschinen unnötig machen. Um eine ungleichmäßige Beanspruchung der in der Fließreihe Tätigen zu vermeiden, darf der Unterschied der größten und kleinsten Taktzeit als Leistungsschwankung einen gewissen Betrag, z. B. 5%, nicht übersteigen (Bild 2.58 und 2.59).

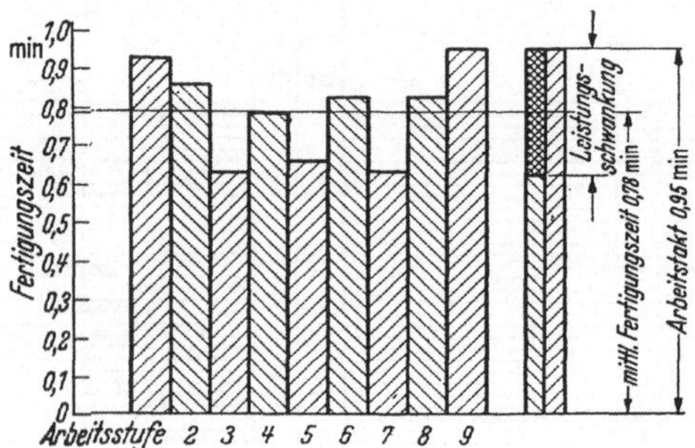

Bild 2.58. Fertigungszeiten vor Durchführung besonderer Arbeitsstudien und richtiger Abstimmung

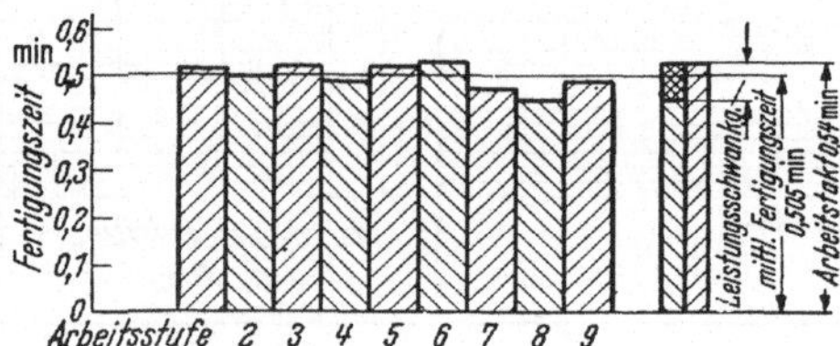

Bild 2.59. Fertigungszeiten nach Verbesserung der Arbeitsvorgänge

Der Maschinenplan muß so aufgestellt werden, daß bei voller Ausnutzung in Doppelschichten die angestrebte Höchststückzahl erreicht wird. Ob aus Gründen der Vorsicht bei zukunftsreichen Erzeugnissen Reservemaschinen oder Platz für Erweiterungsmöglichkeiten vorgesehen wird, hängt von den jeweiligen Umständen ab. Meist besteht jedoch in der Parallelschaltung die Möglichkeit der Reservebeschaffung, wobei noch zu beachten ist, daß sich in stark auseinandergezogenen, viele Räume umfassenden Gebäuden nur schwer eine fließende Fertigung aufbauen läßt. Bewährt hat sich allgemein die zweigeschossige Bauweise. Das Obergeschoß wird für Produktionszwecke in Anspruch genommen, während im Untergeschoß Lagerräume, Garderoben usw. untergebracht werden (vgl. [40]).

Die durch Fehlarbeit und den dadurch bedingten Werkstück-Ausfall in der Fließreihe entstehenden Lücken müssen durch bereitgestellte Reservestücke ausgefüllt werden, gelegentlich sind auch sogenannte Korrekturstellen einzuschalten (Bild 2.60). Auch hier muß ein Zwischenlager zum Ausgleich für die durch die Schleife laufenden Stücke vorhanden sein. Allgemein führt die angestrebte Verkürzung der Förderwege zu einer Zusammendrängung des Maschinen- und Werkstattplanes.

74

Über die Zweckmäßigkeit der Anordnung der Arbeitsplätze an der
Fließreihe entscheidet die Art des Erzeugnisses und die auszuführende
Arbeit. Man unterscheidet das Reihensystem — Arbeitsplätze an der
Längsseite des Bandes, so daß sich die Arbeiter gegenübersitzen — und
das Schulbanksystem — die Arbeitsplätze sind an der Längsseite des

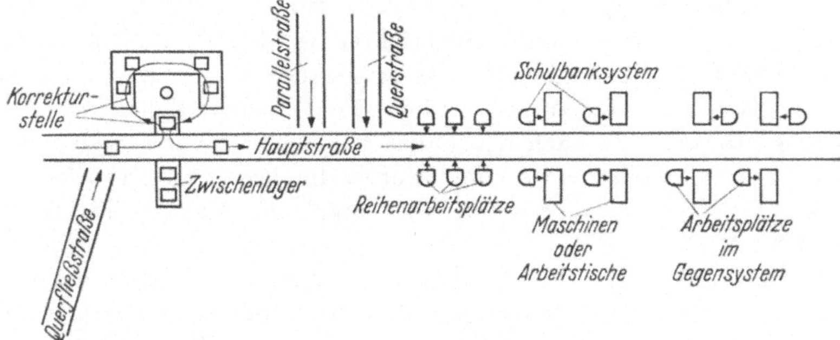

Bild 2.60. Korrekturstelle in einer Fließarbeitsreihe. Benennung der Straßen und Arbeitsplätze

Bandes angeordnet, so daß alle Arbeiter in eine Richtung sehen. Während die einen das Band an der linken Seite haben, befindet es sich bei
den anderen zur rechten Hand. Beim Gegensystem befinden sich die
Arbeitsplätze an der Schmalseite des Bandes, aber je nach der Bandseite
in verschiedenen Blickrichtungen.

b) Bandfertigung als reinste Form der Fließarbeit ist diejenige, bei
der das Arbeitsstück vom Anfang der Fließreihe an bis zum Ende ununterbrochen gleichmäßig wandert, so daß alle Arbeiten während der
Bewegung vorgenommen werden (Bild 2.61). Dieses Verfahren ist für

Bild 2.61. Kreisförderer zum Bondern (entfetten, bondern) und Tauchen (grundlackieren im Tauchbecken) von Radscheiben und Felgen in einer Lastwagenfabrik. Über eine Abtropfstrecke gelangt
das Gut in einen Infrarot-Trockenofen und eine Kühlstrecke zu den Spritzkabinen, wo derDecklack
mit Spritzpistolen aufgebracht wird. Im Fertigtrockenofen und einer abermaligen Kühlzone wird der
Arbeitsprozeß vollendet (Bauart Stotz AG, Stuttgart)

sehr genaue und auch sehr große Teile nicht durchführbar. Die Durchgangszeit für den einzelnen Gegenstand vom Anfang zum Ende der Reihe hängt unmittelbar von der Länge der Fließstrecke und von der Geschwindigkeit des Fördermittels ab. Als Arbeitstakt bezeichnet man die Zeit zwischen der Fertigstellung eines Gegenstandes und der des nächsten. Hieraus ergibt sich die Regelleistung der Straße. Ist die zu klein, müssen Parallelbänder eingerichtet werden. Stufenlos verstellbarer Antrieb des laufenden Bandes ermöglicht es, der Ermüdung der Arbeiter Rechnung zu tragen, indem die Geschwindigkeit meist bis Mittag gesteigert und nach der Pause bis Arbeitsschluß wieder etwas verringert wird. Zudem wird alle 2 h etwa die Arbeit unterbrochen und eine Erholungspause von rund 10 min eingelegt [41]. (Vgl. Teil II, Abschnitt 3.4.5.).

Während im obigen Fall eine sehr weitgehende Abstimmung der Arbeiten möglich ist, läßt die Eigenart des Gießereibetriebes, obwohl auch hier Massenteile hergestellt werden, nur in seltenen Fällen eine örtlich fortschreitende, zeitlich bestimmte lückenlose Folge aller Arbeitsgänge zu.

Man ist hier gezwungen, nach Unterteilung der Arbeiten in Formen, Kernmachen, Zustellen der Kästen, Abgießen, Entleeren und Putzen einzelne Arbeitsgänge so abzustimmen, daß eine Arbeit am Band möglich wird. Das Band ist dann allerdings nur Hilfsmittel zum Fördern und gewährleistet nicht mehr eine bestimmte stündliche Stückzahl. Bild 2.62

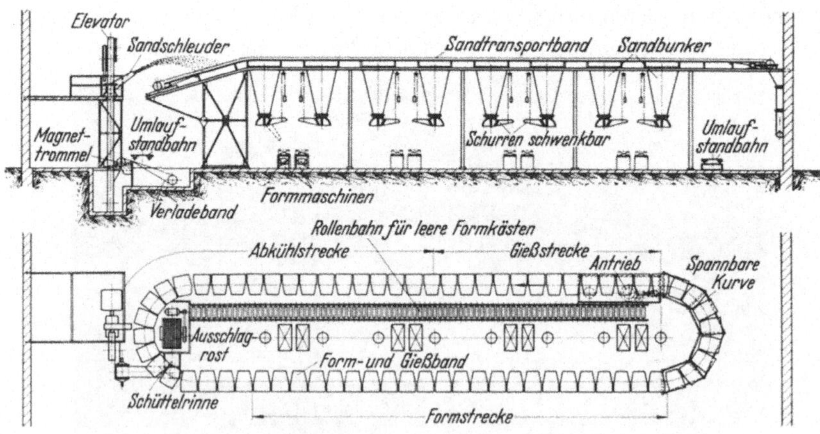

Bild 2.62. Schema einer Fließbandanlage für eine Gießerei mit waagerechtem Umlauf (Bauart Schenck, Darmstadt). Leistung: Eisen 5 t/Schicht, Formkästen 15 Stück/h, Sand 5 m³/h; Anzahl der Formmaschinen: 8 Stück; Abmessungen der Kästen: von 420 × 270 bis 1000 × 500 mm; Bandgeschwindigkeit: 0,4 bis 0,8 m//min

zeigt einen waagerecht umlaufenden Bandförderer, während Bild 2.63 die weniger Raum beanspruchende Anordnung eines Fließbandes mit senkrechtem Umlauf darstellt.

Werden verschiedene Formkästen mit verschiedenen Formzeiten verarbeitet, so wird zwischen Zentralband und Formmaschinen je eine kleine Rollenbahn zum Zusammensetzen der Formen und zum Abstellen auf das Zentralband, wenn dort gerade ein Platz frei ist, zwischengeschaltet. Fallen in einer Gießerei Gußstücke an, die verschiedene Eisen-

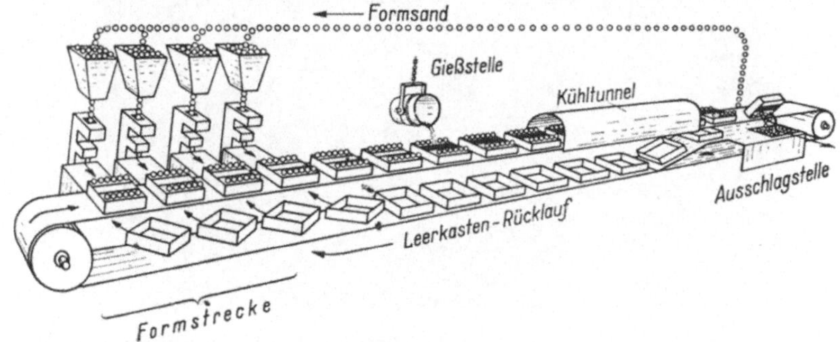

Bild 2.63. Schema einer Fließbandanlage mit senkrechtem Umlauf, mit Kühltunnel für die abgegossenen Formkästen

sorten benötigen, wiederum aber nicht soviel, daß sämtliche Maschinen am Zentralband längere Zeit arbeiten könnten, so werden Querbänder angeordnet, die mit ihrem Kopfende an die zentrale Frischsandzufuhr angeschlossen sind, mit dem anderen Ende an die Altsandabfuhr. Die Geschwindigkeit des Förderbandes soll 3 bis 4 m/min nicht überschreiten, weil sonst das Abgießen der Formen schwierig wird, denn die Gießer müssen ja bei ihrer Arbeit entsprechend der Fließbandgeschwindigkeit mitschreiten und den Einguß vollhalten. Es gibt auch fahrbare Abgieß-wagen, die an die Bänder angekoppelt werden. Wesentlich ist die Bemessung der Kühlstrecke, die die abgegossenen Kästen durchlaufen müssen, bevor sie ohne Gefahr für die Gußstücke ausgeleert werden können. Für Kleinguß rechnet man mit 12 bis 15 min, die man durch den Kühltunnel noch abzukürzen sucht (vgl. Bild 2.63).

c) Taktstraßen. Sollen Arbeitsstücke im ruhenden Zustand bearbeitet und dabei nicht vom Band genommen werden, so bewegt man den Förderer ruckweise. Die Durchlaufzeit für jedes Stück besteht aus der Förderzeit und der Stillstandszeit. Die Förderzeit ist die Zeit, die ein Stück vom Anfang bis zum Ende des Bandes braucht, wenn dieses ununterbrochen laufen würde. Die Stillstandszeit erhält man durch Malnehmen der Haltezeit an einem Arbeitsplatz mit der Gesamtzahl der zugleich auf dem Band befindlichen Stücke.

Die Taktzeit umfaßt die Förderzeit von einem Arbeitsplatz zum nächsten und die Haltezeit an einem Arbeitsplatz. Sie ist gleich der Durchlaufzeit, geteilt durch die Gesamtzahl der zugleich auf dem Band befindlichen Stücke. In der Taktzeit wird je ein Werkstück fertig. Im einfachsten Falle werden die Teile von Hand weitergeschoben (Bild 2.64), zweckmäßig nach einem akustischen oder optischen Signal. Zusammen-

Bild 2.64. Zusammenbau eines Kompressors mit einfachen Mitteln im Taktverfahren. Als Vorbereitungstakt wird die Welle mit zwei Pleuelstangen und Exzenterschmierpumpe zum Zusammenbau hergerichtet. 1. Takt: Kurbelwelle in Gehäuse einbauen, Pleuelstange und Kolben einbauen. 2. Takt: Zylinder 1./2. Stufe und Kühler 2./3. Stufe aufbauen, Zylinder 3. Stufe und Abscheider 2./3. Stufe aufbauen. 3. Takt: Sämtliche Ventile, Deckel, Armaturen, Pumpe, Traversen Schaulochdeckel einbauen und zum Probelauf fertigmachen (Demag, Duisburg)

Bild 2.65. Zusammenbau eines fahrbaren Kompressors. 1. Vorbereitungstakt: Aufbau vorbereiten, Armaturenwand und Rohrschellen für die Wasserleitung, Löcher für Propellerschutz usw. bohren, Teile an Armaturenwand einbauen, Filter, Druckflaschen mit Rohr und Lampe anbringen. 2. Takt: Aufbau auf Fahrzeuge setzen und befestigen, Kompressor und Motor einbauen und ausrichten, Ausrück- und Andrehvorrichtung einbauen. 3. Takt: Wasser-, Saug- und Rücklaufleitung einbauen, Ventilatorenschutz, zweite Druckflasche, 3 Druckleitungen, Konsole, Kondensat- und Wasserablaß anbringen. 4. Takt: Dach aufbringen, Brennstoffbehälter mit Leitung, Auspuff mit Leitung, Werkzeugkasten und sämtliche Armaturen einbauen. 5. Takt: Fertigstellen zum Probelauf (Demag, Duisburg)

hängende Fördermittel werden motorisch weiterbewegt (vgl. Bild 2.61).
Besonders schwierig bei der Anlegung von Taktstraßen ist meist der
erste Zusammenbautakt, der den Arbeitsaufwand zur Erreichung der für
die Weiterbewegung des Bauteils erforderlichen Eigensteifigkeit umfaßt
(Bild 2.65). Man ordnet in solchen Fällen z. B. die Weiterbewegung von
Hand auf Rollenbahnen an oder verwendet vom 1. zum 2. Takt einen
Kran, um dann auf Gestelle überzugehen, wie z. B. auch im Flugzeugbau
üblich.

Im Großmaschinenbau, wo ein Bewegen von Vorrichtungen, wie Um-
rüsten oder Weiterbringen der noch nicht genügend Eigensteifigkeit
besitzenden Bauteile von Takt zu Takt oft nicht möglich ist, bewegen
sich die Arbeitskolonnen von Werkstück zu Werkstück. Man kann die
beiden Verfahren auch miteinander verbinden. Allgemein ist man be-
strebt, die Arbeitsbühnen ortsfest zu machen, damit die stets erforderlichen Anschlüsse für Preßluft, Licht, Kraft usw. auf kürzestem Wege
erreichbar sind und außerdem durch Ausbau der Arbeitsbühnen zu Teile-
lagern eine Bereitstellung der Einbauteile dort möglich wird, wo sie
gebraucht werden.

d) Automatisierung [42] befreit den Menschen von der Ausführung
immer wiederkehrender, gleichartiger Verrichtungen und löst ihn vor
allem aus der zeitlichen Bindung an einen mechanischen Rhythmus. Der
Weg geht dabei von der Automatisierung der Werkstückhandhabung
(Magazinbeschickung) bei den einzelnen Arbeitsgängen (vgl. Abschnitt 2.3.7) zur festen „Verkettung" von Fertigeinrichtungen. Dabei
arbeiten dann Zubringer-, Bearbeitungs-, Meß-, Überwachungs- und
Regeleinrichtungen vollautomatisch. Eine genaue Zeitabstimmung je
Arbeitsvorgang oder -stufe, eine sorgfältige Planung des Werkzeugwechsels, der Einrichtungspflege usw. sind hier unerläßlich, fallen aber
als Aufgaben für Sonderfachleute aus dem Rahmen dieses Buches.

2.5. Technisches Prüfwesen [43]

Der Begriff Güte (Qualität) umfaßt in der Industrie meist eine Summe
von Eigenschaften (physikalisch, chemisch, biologisch) oder Wirkungen
auf die Sinnesorgane (Aussehen, Geruch, Geschmack), wobei man unter
Qualität eines Erzeugnisses den Grad seiner Eignung, den Ansprüchen
der Verbraucher zu genügen, versteht. Die Eigenschaften oder Wirkungen (Qualitätsmerkmale) können objektiv meßbar, bedingt meßbar oder
nicht meßbar sein. Darüber hinaus kann der Begriff Güte einseitig nur
hohe und höchste oder alle möglichen Anforderungen (höchste bis
niedrigste) umfassen. Damit wird klar, wie verwickelt das ganze Prüf-
problem ist. Erzeugnisse, die nicht den gütemäßig gestellten Anforderungen entsprechen, werden Ausfall, solche, die auch durch (lohnende)
Nacharbeit nicht verwendbar gemacht werden können (Arbeitsfehler,

Materialfehler, Bruch, Scherben usw.), Ausschuß genannt. Soll die Aufgabe des Prüfwesens aber erfüllt sein, so muß die Prüfung umfassend sein, d. h. sie muß bei den Entwurfsunterlagen (Zeichnung, Stücklisten) beginnen und sich über die Organisationsbelege der Arbeitsvorbereitung (Arbeitspläne, Werkstoff- und Lohnscheine, Betriebsmittelangaben) fortsetzen. Keinesfalls darf sie nur Wareneingangs-, Fertigungs- und Endkontrolle einschließlich Funktionsprüfung umfassen.

Hier sei nur die Prüfung als Kontrollfunktion in der Fertigung angeführt. Die für die Gütesicherung aufgewendeten Kosten werden zweckmäßig in Verhütungs-, Prüf- und Fehlerkosten aufgeschlüsselt. Zu den Verhütungskosten gehören Aufwendungen, mit denen dem Auftreten von Fehlern vorgebeugt werden soll, wie Aufstellen von Prüfplänen, Ausbildung von Prüfpersonal, Wartung von Lehren und Werkzeugen sowie Abfassung schriftlicher Arbeitsanweisungen. Zu den Prüfkosten zählen Aufwendungen für Inspektion, Güteprüfung während der Fabrikation, Labor- und Expertenbeurteilung. Fehlerkosten entstehen durch Ausschuß und Nacharbeit. In einem Betrieb fielen als Vergleichsbasis für Prüfkosten 0,6%, für Ausschuß 1,85% und Nacharbeit 5,37%, also insgesamt 7,8% vom Nettoverkaufserlös an. Hinzuweisen wäre noch auf die sehr wichtige Betriebsmittelkontrolle, die Prüfung sonstiger kaufmännischer oder organisatorischer Arbeitsabläufe und die Revision als Wirtschafts- oder Steuerprüfung durch betriebsfremde Prüfer.

2.5.1. Mengen- und Güteprüfung allgemein. Das der Gütesicherung, Gütesteigerung und Ausfallsbekämpfung dienende Prüf- und Meßwesen gliedert sich in:

Feststellung der jeweils interessierenden Ist-Eigenschaften,

Vergleich der Ist-Eigenschaften mit den entsprechenden Soll-Eigenschaften,

Abgabe des Urteils, ob die in den Soll-Eigenschaften zum Ausdruck gebrachten Forderungen durch die Ist-Eigenschaften erfüllt werden, z. B. „Gut", „Ausschuß", „durch Nacharbeit verwendbar" usw.

Dabei wird die Güteprüfung vielfach gleich mit der für die Lohn- und Kostenrechnung wichtigen Mengenprüfung vereinigt. Wesentlich in allen Fällen ist aber, daß die Ergebnisse, besonders wenn sie negativ sind, schnell der verursachenden Stelle mitgeteilt werden.

Zur planmäßigen Ausschußverhütung ist eine Aufgliederung nach Ausschußursachen nötig: Konstruktionsfehler, Lieferfehler, Bearbeitungs- und Montagefehler, Transportschäden, Materialfehler usw. Außerdem sind die anfallenden Kosten nach den verursachenden Kostenstellen aufzuteilen: Einkauf, Auswärtslieferant, Eingangskontrolle, Lager, Konstruktion, Arbeitsvorbereitung, Fertigungs- und Montagestellen, Transportabteilung usw., denen auch die Kosten angelastet werden.

Von grundsätzlicher Bedeutung ist die Frage, ob man die gefertigten

Waren in Partien, Werkstattaufträgen, in einer Zentralstelle oder unmittelbar am Arbeitsplatz prüft.

a) Die Zentralprüfung ist notwendig, wenn aufwendige Prüfeinrichtungen eigene Räume oder besondere, nicht überall greifbare Prüfmittel erfordern. Auch besteht die Möglichkeit, Prüfer gelegentlich nach Erzeugnisgruppen einzusetzen und ihre Spezialkenntnisse besser auszuwerten. Nachteilig sind die Transportkosten und der Zeitverlust, da das Teil nach jedem Arbeitsgang an die Zentralstelle und wieder an die nächste Maschine gebracht werden muß und man Ausschuß erst nachträglich feststellt, ohne sofort ausschußmindernd oder den Gütegrad verbessernd eingreifen zu können.

b) Bei der *laufenden Prüfung am Arbeitsplatz* fallen alle diese Mängel weg: die Ausschußursachen werden rechtzeitig erkannt, die Menge des Ausschusses wird verringert, und die Arbeitsgüte kann leicht gesteigert werden. Schon durch die laufende Überwachung der Arbeitskräfte und -vorgänge wird der Ausschuß wesentlich vermindert. Besonders in der Verfahrenstechnik werden Überwachungs- und Steuervorgänge immer mehr verbunden.

2.5.2. Hundertprozentige Prüfung. Die Entscheidung, ob hundertprozentige oder Stichprobenprüfung, beeinflußt ebenfalls stark die Wirtschaftlichkeit der Fertigung. Soll die Prüfung bei Einzelfertigung oder hohem Gebrauchswert der Ware Sicherheit dafür geben, daß die geprüften Teile hundertprozentig den gestellten Forderungen entsprechen, muß demgemäß geprüft werden. Allerdings ist in der Massenfertigung eine wirklich hundertprozentige Kontrolle nur bei mechanisierter Prüfung durch elektrische oder optische Geräte möglich, weil dabei sonst infolge menschlicher Unsicherheit, hervorgerufen durch die Umwelt und Eintönigkeit (Monotonie), große Meßfehler auftreten können. Ferner wird die Meßgenauigkeit durch das Meßgerät selbst und den Meßgegenstand beeinflußt. Die 100%-Kontrolle wird stets nötig, wenn der automatisierte Fertigungsvorgang aufgrund der Meßergebnisse gesteuert werden soll.

2.5.3. Stichprobenprüfung [44]. Sind in der Reihen- und Massenfertigung die Kosten einer 100%-Prüfung nicht mit einer entsprechenden Güte- und Wertsteigerung der Erzeugnisse verbunden, so kann eine Stichprobenkontrolle einsetzen. Als echte oder repräsentative Stichprobe gilt dabei eine bestimmte Menge, die aus einem gut durchmischten Lieferposten (Gesamtheit) herausgegriffen wird. Der erforderliche Stichprobenumfang (Stichprobenpläne)[1] läßt sich statistisch ermitteln. Auf diese Weise gilt das Ergebnis der Stichprobe für den ganzen Lieferumfang.

---

[1] Deutsche Arbeitsgemeinschaft für statistische Qualitätskontrolle beim Ausschuß für Wirtschaftliche Fertigung e. V. (AWF), Berlin und Frankfurt.

Abmachungen darüber, welche Eigenschaften und Abweichungen zu
prüfen sind, müssen Bestandteil der Lieferbedingungen sein. In der
Fertigung selbst gibt dann auch die Kontrollkarte eine gute Möglichkeit,
die Fertigung zu beherrschen, d. h. innerhalb der Grenzwerte zu halten
(Bild 2.66), also einen dem natürlichen Verschleiß unterliegenden Drehmeißel so rechtzeitig auszuwechseln (Warngrenze), daß die zulässige
Toleranz nicht überschritten wird. Außerdem ist die Maschine beim
Einrichten nicht auf den Mittelwert, sondern die untere Warngrenze
einzustellen.

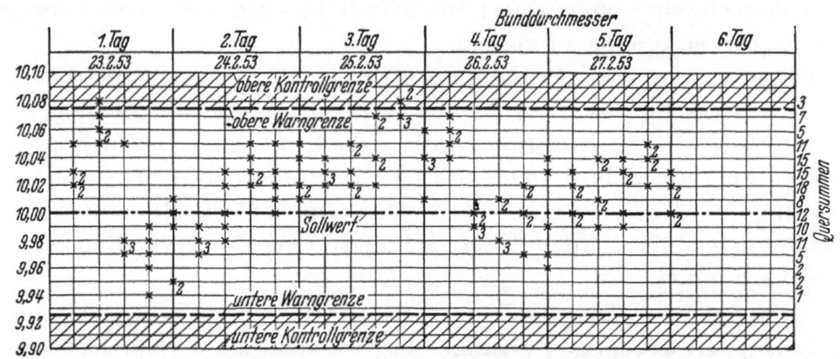

Bild 2.66. Kontrollkarte für ein Drehteil. Toleranz 9,90 bis 10,10 mm. Toleranzmitte (9,90 + 10,10)/2
= 10,10 mm. Die Warngrenze liegt um die Differenz von Toleranzmitte (10,0 mm) bis Toleranzgrenze
gleich 0,1mm, multipliziert mit dem Erfahrungswert 0,75 bis 0,8, also um 0,075 bis 0,08 mm von
der Mitte entfernt

2.5.4. Prüfmittel [45]. Einen Überblick gibt nachstehendes Schema. Ziel
der Prüfungen sind Maße, Eigenschaften und Mengen.

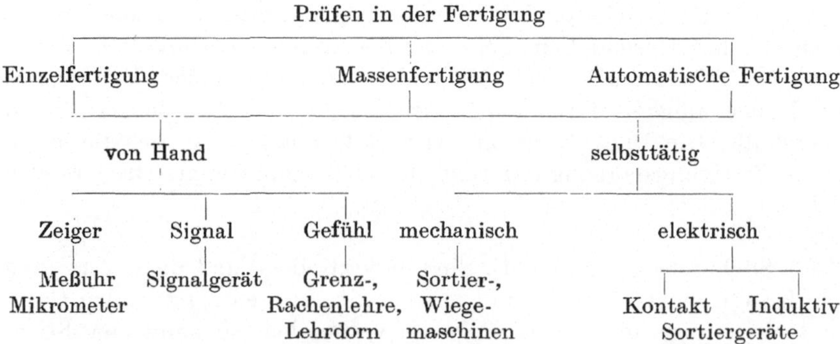

Die Rationalisierung des Prüfens von Hand geht vom einfachsten Fall
der Benützung von Lehren, wobei Lehre und Prüfling in die Hand genommen werden, zum festen Prüfgerät, das beide Hände für Zuführ- und
Ablegearbeiten frei läßt (Bild 2.67). Für die Gußkontrolle verwendet
man z. B. Rohgußprüflehren (Bild 2.68).

Das Auslesen der Werkstücke nach verschiedenen Toleranzfeldern
verursacht mehr Prüfarbeit als das einfache „Gut-und-Ausschuß-Prüfen“,

82

und man sucht hier ebenfalls nach Vereinfachungen (Bild 2.69 und 2.70), wobei noch wesentlich ist, daß die Werkstücke verschiedener Toleranzfelder entweder durch Sammelbretter oder Behälter mit Toleranzfeldkennzeichnung und Farbmerkmalen auseinandergehalten werden.

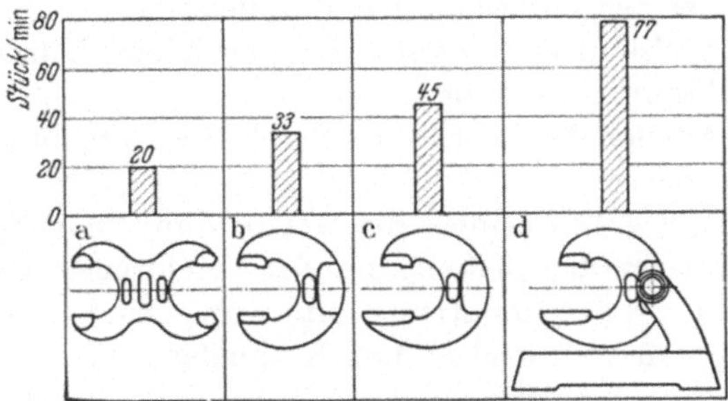

Bild 2.67. Prüfleistungen mit verschiedenen Grenzrachenlehrenformen. a) Normale doppelmaulige; b) einmaulige; c) einmaulige Radienlehre und Einführansatz; d) einmaulige Rachenlehre mit Einführansatz und Halter: Zweihandbedienung

Bild 2.68. Sichtlehre für Rohgußprüfung, die es ermöglicht, über Meßtaster mit Nonius die vorgeschriebene Toleranz und mittels einer auf der Plexiglasscheibe eingeritzten Umrißlinie den Kernversatz der Gußteile zu prüfen (Werkfoto Karl Schmidt, Neckarsulm)

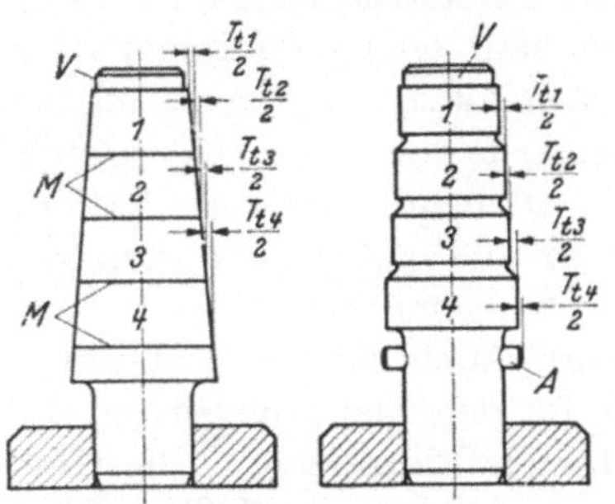

Bild 2.69. Ausleselehre für 4 Toleranzfelder— links für Kegelbohrungen — rechts für Bohrungen mit Ausschußseite A. Der Vorführansatz V vermindert die Prüfzeit und verhindert beim „Ecken" des Gutlehrdorns das unberechtigte Weglegen des Teiles als zu klein

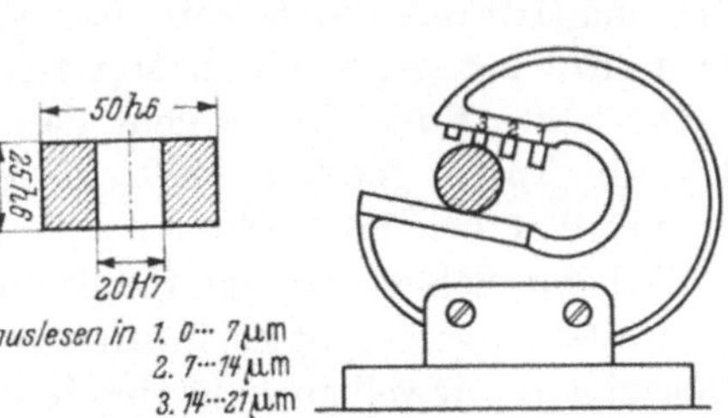

Bild 2.70. Mehrfachrachenlehre und Kennzeichnung der Teiltoleranzfelder auf der Teilzeichnung

Die Gewindeprüfung mittels Gewindelehrringen und -dornen ist zeitraubend und der Verschleiß durch die Reibungen hoch. So erfordert z. B. das Prüfen eines Innengewindes für 100 Stück bei

Einschrauben des Lehrdornes von Hand	12,5 min,
Einschrauben des Lehrdornes mit der Handleier	7,5 min,
Prüfen mit handelsüblicher, durch Seilzug betätigter Lehrdornein- und ausschraubvorrichtung	5 min,
Mechanischer Antrieb des Lehrdornes durch Reibkupplung mit Drehrichtungswechsel	4,7 min.

Der weitere Weg führt über die Verwendung von Teilezuführeinrichtungen, Hartmetallbestückung und das Verchromen von Lehren und Prüfgeräteteilen, die der Abnutzung unterworfen sind, zum Einsatz von Vielfachtastern mit elektrischen Leuchtsignalen oder akustischen Signalen. Bei der Ausleseprüfung gibt der Toleranzmarkenstrich noch eine Ablesemöglichkeit von 150 μm und mehr. Bei elektrischer Übersetzung können Messungen in Toleranzen von wenigen Mikrometern (1 μm = 0,001 mm) auf große Skalen übertragen werden.

Der strömenden Luft anstelle von Tastkörpern bedient sich das pneumatische Meßverfahren, bei dem der sich ändernde Staudruck entsprechend dem sich vergrößernden oder verkleinernden Spalt zwischen einer festen Luftdüsenoberfläche und dem zu prüfenden Werkstück zum Messen verwendet wird (Bild 2.71). Pneumatische Taster lassen sich

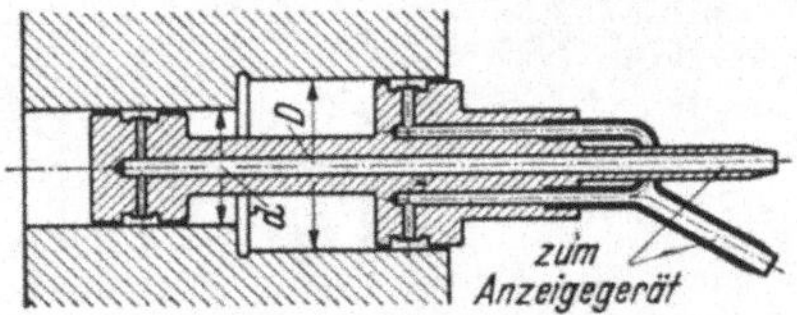

Bild 2.71. Solex-Prüfdorn zum gleichzeitigen pneumatischen Prüfen von zwei Bohrungen, entweder auf Toleranzfelder abgestimmt oder zum Feststellen, ob innerhalb der Bohrung unzulässige Abweichungen von der Rundheit gegeben sind

auf entsprechende Grundplatten für ganz unterschiedlich geformte Werkstücke anordnen. Bei den Anzeigegeräten sind Übersetzungen bis 1:23000 möglich. Beim Übergang von manueller zu halb- oder vollautomatischer Prüfung tritt das Problem der bestmöglichen Kapazitätsausnutzung der Prüfmittel zutage. Kapitalkosten treten anstelle von personalbezogenen.

Die letzte Entwicklung geht dahin, nicht mehr am bereits fertigen Teil zu prüfen, sondern Maße, Toleranzen und sonstige Forderungen unmittelbar bei ihrem Entstehen im Fertigungsmittel zu überwachen, z. B. beim Schleifvorgang (Meßsteuerung). Auch für die statistische Qualitätskontrolle gibt es Prüfmittel, die für den Bedienungsmann der Maschine die jeweilige Lage des Ist-Maßes zur Eintragung in die Kontrollkarte erkennen lassen, ohne ihn mit dem Ablesen von Zahlenwerten zu belasten.

Mit der Steigerung der Genauigkeit verdient das Messen der Oberflächengüte erhöhte Bedeutung. Neu ist die Verwendung radioaktiver

Isotope zur Überprüfung von Metall-, Papier- oder Kunststoffband-
dicken. Zähl- und Mengenmesser arbeiten mit verschiedenartigsten Kon-
takten, Lichtschranken (Lichtstrahl), elektrischen Schwingkreisen (Oszil-
lator), mit Isotopenstrahlung oder pneumatisch (explosionssicher; z. B.
Bodendruck zur Tankinhaltsmessung). Die Verbindung mit Linien- und
Punktschreibern ermöglicht auch eine nachträgliche Kontrolle. Aus
Relaisspeichern, Zählmagneten, Schrittschaltern können Zifferninfor-
mationen (Stückzahlen, Gewichte usw.) nicht nur unmittelbar, sondern
auch ferngelesen oder in entsprechenden Meßwertspeichern aufgenommen
und auf Anfrage angezeigt werden. Direktdruck (Digital-Meßtechnik)
ist der nächste Schritt. Die Abfrage-Druckgeschwindigkeit beträgt bei
elektrisch ansteuerbaren Ziffernschreibmaschinen 10 Zeichen/s, bei
Schnelldruckern 50 bis 100 Zeichen/s. Dies ist besonders dort wichtig,
wo Zahlenwerte mehrmals täglich abgelesen und in umfangreiche Listen
eingetragen werden sollen. Selbstverständlich ist auch eine Eingabe der
Daten in Lochkarten- oder Lochstreifengeräte möglich.

2.6. Materialfluß und Förderwesen [46]

Eine wirtschaftliche Fertigung erfordert neben der richtigen Auswahl der
Fertigungsverfahren, Maschinen und Betriebsmittel auch einen schnellen
Materialdurchfluß ohne längere Lagerzeiten, also die zweckmäßigste
Lösung des Förder- und Lagerwesens. Das Beherrschen des Material-
flusses ist um so wichtiger, je größer der Mengendurchsatz in den Werkstätten ist, und kann natürlich nie für sich allein, sondern nur im Zusammenhang mit der Aufstellung der Maschinen und der Wahl der Fertigungsarten gesehen werden. Die Anforderungen an das Fördern und Lagern
selbst sind dabei durch Art (feste, gasförmige oder körperlose Güter, wie
Strom), Menge und zeitlicher Anfall aller zum Betrieb kommenden und
im Betrieb umlaufenden Rohstoffe bestimmt, wobei der Materialfluß
vom Rohstofflieferanten zum Lager, durch die Fertigungsabteilungen,
Zwischenlager und Zusammenbauwerkstätten zum Versand viele einzelne
Fördervorgänge bedingt, die als Materialflußkosten die Fertigungskosten
wesentlich beeinflussen können.

2.6.1. Transportorganisation. Das Materialflußproblem auf volkswirt-
schaftlicher Ebene, das die Standortwahl eines Unternehmens betrifft,
interessiert hier nicht. Im Rahmen der Arbeitsvorbereitung sind nur
Fragen der Förderung im Betrieb von und zur eigentlichen Bearbeitungs-
stelle, von Halle zu Halle oder anderen Stellen im gleichen Gelände zu
behandeln. Die Lösung dieser Fragen zwingt zuerst zur Aufstellung von
Materialflußkennzahlen zwecks Festlegung und Einteilung der Fördermittel und zur Bestimmung von Förderabschnitten (Bilder 2.72 und 2.11).
Nach Art und Häufigkeit der zu fördernden Teile wird der Transport
entweder ungesteuert durch Arbeiter und Vorgesetzte bewältigt oder

durch planmäßige Rund- oder Streckenfahrten. Zur Bestimmung der Richtung und der Fahrdichte sind ausführliche Transportstudien durchzuführen, die Aufschluß über Fördereinheiten, Gewichte, Rauminhalte und Förderrichtungen geben.

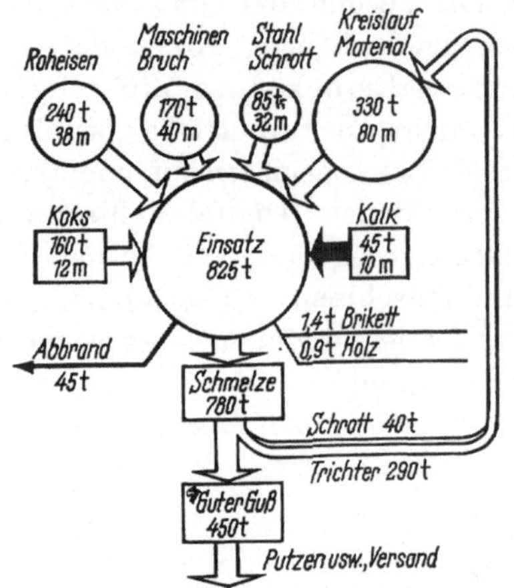

Bild 2.72. Materialflußbild für die Schmelzanlage einer Gießerei. Gewichtsangaben und erforderliche Transportwege als Ausgangsbasis für Materialflußrationalisierungen

Der Förderplan wird am zweckmäßigsten bildlich oder als Tabelle dargestellt. Waagerecht sind die Abfertigungs- und Fahrzeiten, senkrecht die Abfertigungsstellen der Reihenfolge nach angegeben (wie im Eisenbahnfahrplan).

Die planmäßige Förderung sichert eine gute Ausnutzung der Fahrzeuge und Menschen. Der einfachste Fall ist z. B. die Festlegung von 4 Rundfahrten in der 8stündigen Arbeitszeit im Abstand von rund 2 h, da bei verschiedenartig anfallenden Arten und Mengen des Fördergutes die Be- und Entladezeiten nur überschlägig festlegbar sind.

Den Verkehr zwischen den Hauptbahnhöfen (Anfallstellen) innerhalb der Arbeitsplätze und Maschinen, also im Bereichsverkehr mit kurzen und kürzesten Strecken, wird der kleine Hand- oder Elektrokarren übernehmen.

Eine weitere Transportstaffel soll für rasche Kleintransporte bereitstehen, die evtl. hallenweise aufgeteilt sind und so schnell wirksam werden müssen, daß Transporte durch produktive Arbeitskräfte, durch „Handlangermärsche" von Vorarbeitern und Meistern unterbleiben.

Gelegentliche Fahrten für unregelmäßig anfallende Transporte, wie Be- und Entladen von Waggons oder Lastwagen, Abtransport fertigmontierter Anlagen zur Farbspritzerei, in Großmontage und von dort zum Versand usw., die oft den Einsatz von Sonderfahrzeugen erfordern, müssen von einer besonderen Gruppe durchgeführt werden. Die Steuerung der Sondertransporte erfolgt über die Transportzentrale, wobei — ist diese nicht immer besetzt — z. B. der Heizer oder Fahrzeugwächter die Aufträge entgegennimmt und z. B. mittels Lichtzeichen den Transportmeister auf vorliegende Aufträge hinweist.

Besonders in der Großreihen- und Fließfertigung müssen vor Aufstellung des Förderplanes Untersuchungen über die Zeit, in welcher der Fördervorgang durchgeführt sein muß, angestellt werden, um keine Zeitverluste für die Anschlußarbeiten aufkommen zu lassen. Als Hilfsmittel gilt auch hier die Arbeits- und Zeitstudie. Der von der AWF-Fachgruppe „Förderwesen" entwickelte Materialflußbogen[1] ist dafür ein wertvolles Hilfsmittel. Größe und Anordnung der Lager sind ebenfalls mit in die Untersuchung einzubeziehen. Meist bringt eine derartige Durcharbeit wertvollste Erkenntnisse bezüglich Einsparung von Förderwegen, Engpässen bzw. Stockungen im Arbeitsfluß und führt so zu Verbesserungen in der Werks- bzw. Werkstättenplanung, die sich auch in der Einzelfertigung günstig auswirkt.

Das Ideal in den Werkstätten selbst ist die Maschinenaufstellung dem Arbeitsablauf des Werkstückes entsprechend bzw. die Fließarbeit am laufenden Band. Nun läßt sich selbstverständlich nicht in jedem Fall ein laufendes Band oder eine andere mechanische Transporteinrichtung einbauen bzw. der Arbeitsfluß durch Zusammenrücken von Maschinen und Verbindung durch Rinnen, Rutschen, Aufzüge usw. günstig gestalten. Angestrebt werden muß jedoch die Verkürzung der Transportwege in jedem Fall.

Welche Vorteile erzielt werden können, zeigt Bild 2.73 in einer Fertigung, die bis dahin in dieser Richtung noch sehr wenig untersucht wurde.

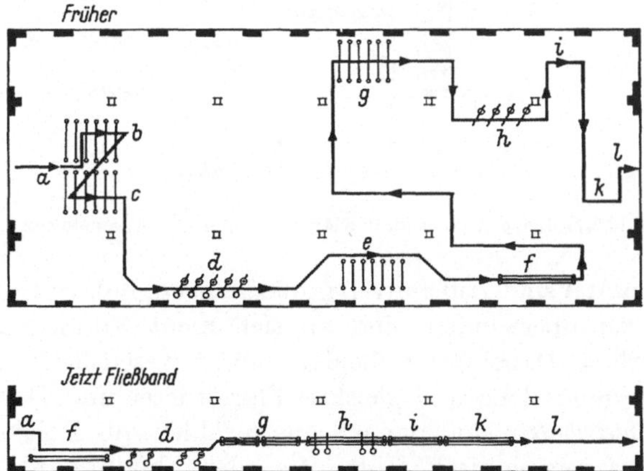

Bild 2.73. Schaffung eines glatten Durchflusses durch Maschinenumstellung in der Herstellung von Eisenkonstruktionsteilen, wobei 75% des bisherigen Werkstättenraumes für andere Zwecke frei wurden und an Transportkosten 99%, an Arbeitern etwa 60%, an Wartezeiten 90%, an Umlaufweg 83% eingespart werden konnten. a Einlauf, b Vorzeichnen, c Ankörnen, d Wandbohrmaschinen, e Auflagen, f Brennen, g Zusammenbau, h Nieten, i Kontrolle, k Anstreichen, l Versand.

	Früher	Jetzt
Im Umlauf	40 bis 50 t	bis 2 t
Arbeiter	40	18
Wartezeiten	hoch	keine
Durchlaufzeit	2 Wochen	1,2 h
Durchlaufweg	1,2 km	0,2 km

---

[1] VDI-Richtlinie 3300: Materialflußuntersuchungen. VDI-Richtlinie 3300a: Materialflußbogen. Beuth-Vertrieb, Berlin, Köln, Frankfurt.

Der glatte Arbeitsfolgenablauf ist das Ergebnis technisch-wissenschaft-
licher Transportuntersuchungen, die auch in Arbeitsbereichen eine rei-
bungslose Arbeit sichern können, wo man nicht von Massenfertigung
sprechen kann und immer das gleiche Erzeugnis gefertigt wird, also
z. B. beim Wareneingang oder -versand mit nur festen Arbeitsfolgen,
wie Auspacken, Wiegen, Zählen, Prüfen und Sortieren sowie Aufschreiben
und Abtransport (Bild 2.74).

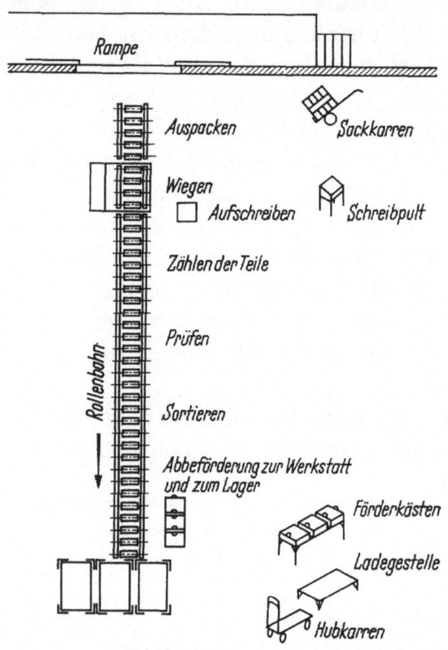

Bild 2.74. Beispiel eines glatten Arbeitsablaufes im Wareneingang

2.6.2. Fördermittel sind Hilfsmittel, große Mengen, höhere Gewichte und
lange Wege zu überwinden, und an sich nicht Voraussetzung einer
fließenden Arbeit. Dabei unterscheidet man im wesentlichen Aufnahmebehälter, gleisgebundene und gleislose Flurförderer und Dauerförderer.

a) Aufnahmebehälter sind danach auszuwählen, ob Rohstoffe, Halb-
fabrikate, Fertigerzeugnisse, Hilfsstoffe oder Abfallprodukte in Form
von Fließgut, Schüttgut oder Stückgut befördert werden sollen, außerdem nach der Empfindlichkeit des Fördergutes. Zu achten ist dabei auf
Lagereinheiten = Fördereinheit = Fertigungseinheit, zwecks besserer
Lagerausnutzung und Minderung des Aufwandes für Überwachung,
Mengenprüfung und Umpackarbeiten. Einige Beispiele sind in den Bildern 2.75 und 2.76 dargestellt.

b) Gleisgebundene und gleislose Flurförderer. Die ebenerdigen Fördermittel haben den Vorzug der Freizügigkeit, erfordern aber ebene, glatte
Fußböden, die freigehalten werden müssen und hohe Unterhaltungs-

kosten verursachen. Je nach Lastgröße und Förderstrecke werden sie von Hand oder elektrisch betrieben. Besonders der Hubwagen, als Hand- oder Elektrokarren ausgebildet, der die Ladegestelle aufnimmt, fortführt und am neuen Verwendungsort wieder absetzt, bringt große Vorteile. Um eine schnelle Tür- und Tordurchfahrt zu erreichen, müssen entweder Gummipendeltüren oder besondere Türöffner verwendet werden.

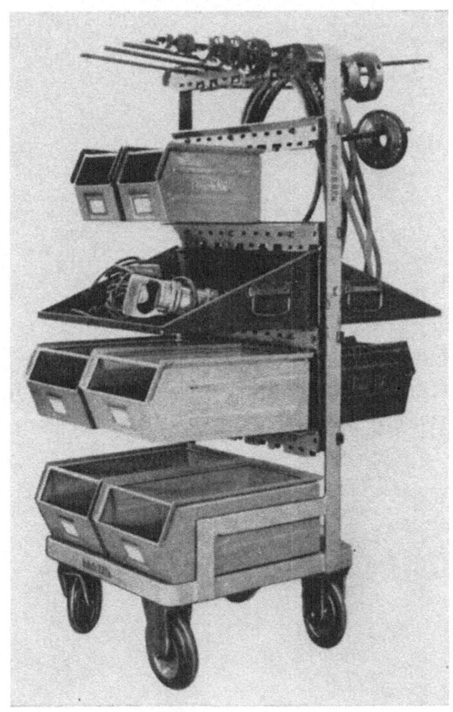

Bild 2.75. Fahrbares Ladegestell mit auswechselbaren Tragkästen, Dornen und Ablageplatten, als Fördergerät, Montagewagen oder Zwischenlager verwendbar. Die Trag-(Lager-Fix)Kästen sind in ihrer Größe so gehalten, daß jeweils zwei einer Gruppe auf den nächstgrößeren Kasten passen (Bauart Fritz Schäfer KG, Neunkirchen)

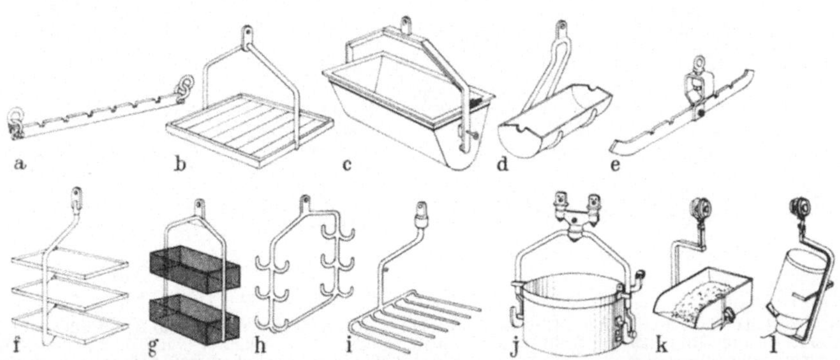

Bild 2.76. Gehänge für Dauerförderer. a) Kerbenstab mit Doppelaufhängung; b) Einzeltablettgehänge; c) Kippbecher; d) Schalengehänge; e) drehbarer Kerbenstab; f) Mehrfachplattengehänge; g) Drahtkörbe; h) Mehrfachhaken; i) Gabelgehänge für automatische Lade- und Entladestationen; j) automatischer Kippbehälter; k) Kippschale; l) Milchkannenhalter

Als Schleppfahrzeuge sind auf Weitstrecken Elektrokarren einzusetzen, die für die verschiedensten Transporteinheiten entsprechende Regalaufbauten, Konsolen usw. leicht abnehmbar haben sollen.

Schwere Werkstücke werden über kurze Strecken mittels Dreh- oder Laufkran bewegt, mit Spezialstapelkranen auch verschiedenartig gelagert (Bild 2.77). Besonders bei schweren Lasten ist dabei auf die vorteil-

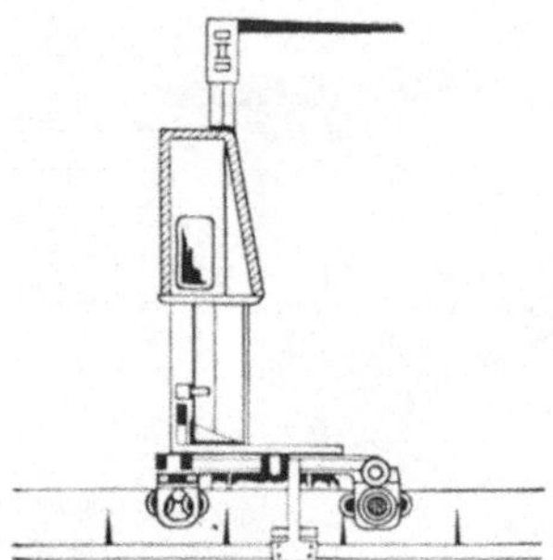

Bild 2.77. Stapelkran mit Stapelhöhen bis zu 10 m und 4000 kg Traglasten. Er nimmt z. B. Paletten am Wareneingang auf, transportiert sie durch die Halle zum vorgesehenen Regal und schiebt sie ins Fach auch vollautomatisch (Bauart Demag, Duisburg)

hafte Radiofernsteuerung mit einem Sender in der Hand oder auf dem Rücken des Bedienungsmannes und einem Empfänger mit Entzifferungssystem am Kran oder Aufzug zu verweisen.

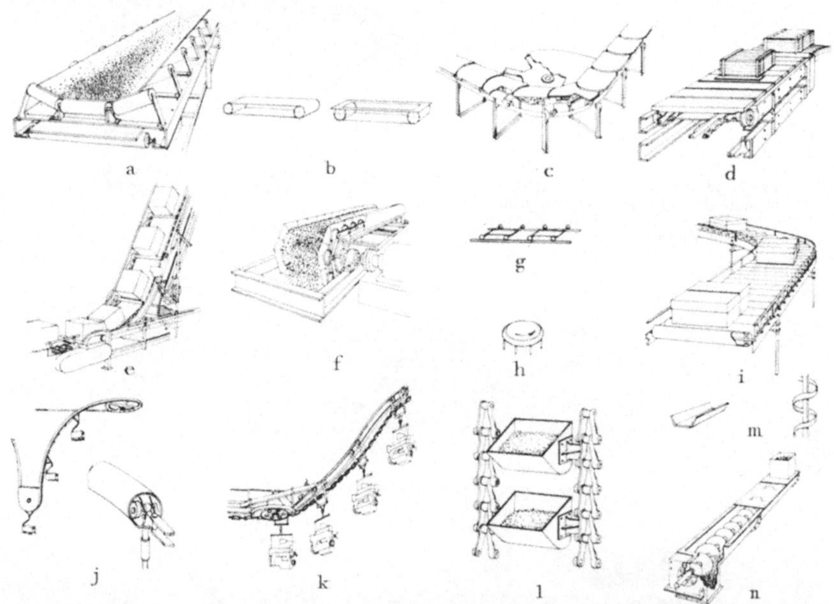

Bild 2.78. Auswahl der Fördermittel für Fließarbeit. a) Gurtförderer; b) und c) Bandförderer und Bandtisch (vgl. Bild 2.53 und 2.63); d) Plattenbandförderer für Stückgüter (vgl. Bild 2.62); e) Mitnehmerleisten für ansteigenden Transport; f) dichtschließende, an den Gelenkstellen sich überdeckende Blechplatten-(Trog)-förderer, auch für heiße Güter; g) Rollgleis; h) Rundtisch; i) Rollenbahn (vgl. Bild 2.74); j) Stotz-Tubus-Kreisförderer, wenig lichtbehindernd mit Stahlrohr als Trag- und Führungsbahn; k) Kreisförderer für leichte Lasten (vgl. Bild 2.61 und 2.79); l) Stetigförderer als Becherwerk; m) Rutsche und Wendelrutsche; n) Schneckenförderer für Senkrechte, schräge oder waagerechte Förderung

c) Dauer- oder Stetigförderer werden als selbsttätige Anlagen zur Bewegung von Stück- und Schüttgütern verwendet. Es gehören dazu neben Rundtischen Rollenförderer, Band- und Plattenbänder, Becherwerke, Schaukelförderer, Hängebahnen, Förderschnecken (Bild 2.78).

Je mehr Verbreitung Stetigförderer finden, um so wichtiger werden die Möglichkeiten des Ausschleusens der Lastlaufwerke von einer Bahn auf eine Wartebahn oder eine andere, wobei die Betätigung der Weichen von Hand oder elektrisch über Druckknopf oder Schaltnocken erfolgen kann. Das Beschicken des Hauptförderers durch einen Nebenförderer zeigt Bild 2.79. Aber auch die Aufgabe, Lasten in zeitlicher Folge von einer Beschickungsstrecke (Lager) auf die Hauptstrecke zu bringen, kann einfach gelöst werden. Schaltstifte am Tragstab der Last steuern über

Bild 2.79. Weiche zum Umleiten von Lasten, die elektrisch gestellt wird. Die Tennisschläger werden auf 84 Lastlaufwerken im Abstand von 1 m in Gehängen zu dreien mit einer regelbaren Geschwindigkeit von 0,45 bis 1,9 m/min durch die elektrostatische Lackieranlage, den Ofen und die Arbeitsplätze zum Anbringen der Dekorationsstreifen befördert. Im Ofen werden die Gehänge gedreht und der Abstand auf 400 mm verringert (King-Dual-Duty Mehrzweckkreisförderer, Bauart Schenck, Darmstadt)

die an der Laufbahn angeordneten Schalter die Laufbahnweichen, wobei die Schaltstifte von Hand oder mittels Nockenwelle über Fernbedienung eingestellt werden können (vgl. DIN 15201).

Es gibt Kastenförderanlagen (bis 10 kg Ladegut), bei denen zwei Schieber am Förderkasten die Steuerung übernehmen und über Abtasteinrichtungen bis 100 Ziele ansteuern können. Bei einer anderen Bauart steuern Lochkarten, die in einer Kunststoffkassette am Förderhaken der Ware mitgegeben werden, über Abfühlstationen die Weichen des Förderers so, daß die Ware am gewünschten Zielort ankommt.

Literaturverzeichnis

1 Gutenberg, E.: Planung im Betrieb. Z. Betriebswirtsch. (1952) 669.
Lübeck, H.: Produktions-Liquiditäts-Ertragskontrolle. RKW-Schrift W 1.
Heidelberg: Gehlsen (1967).
2 Gutenberg, E.: Grundlagen der Betriebswirtschaftslehre. Bd. 2: Der Absatz.
14. Aufl. Berlin, Heidelberg, New York: Springer 1972.
Meyer, W.: Marktforschung und Absatzplanung. Berlin: 1963.
3 Wirtschaftliche Programmgestaltung — Typenvielfalt. RKW-Schrift Nr. 1.
Bielefeld: (1960).
4 Andler, K.: Die wirtschaftliche Auftragsmenge für Fertigung und Lager.
Ind.-Bl. Nr. 5 (1951).
v. Schütz, W.: Wirtschaftliche Losgröße. AWF-Mitt. Nr. 5/6 (1958).
5 Sundhoff, E.: Grundlagen und Technik der Beschaffung von Roh-, Hilfs- und
Betriebsstoffen. Essen: Girardet 1958.
Thielen: Einkauf und Materialverwaltung in der Maschinenindustrie. Siegburg:
1954.
Franke, W.: Die Steuerung der Einzelfertigung mit einer Datenverarbeitungs-
anlage. REFA-Nachr. Nr. 1 (1968) 23.
6 Terborgh, George: Leitfaden der betrieblichen Investitionspolitik. Wiesbaden:
Gabler 1962.
Kölbel, H., Schulte, I.: Das wirtschaftliche Optimum bei der Auslegung chemi-
scher Apparaturen. Chem. Ind. Nr. 5 (1961).
Hofmann, R.: Wirtschaftlichkeitsrechnung (Übergang von Hand- zur
Maschinenarbeit). Maschine u. Manager Nr. 1 (1961).
Bronner, A.: Vereinfachte Wirtschaftlichkeitsrechnung. REFA-Schrift. Berlin,
Köln, Frankfurt: Beuth-Vertrieb 1964.
Kedzierski, H.: Die praktische Durchführung von Investitionsrechnungen.
Werkstattstechnik 62 Nr. 1 (1972).
7 Gutenberg, E.: Grundlagen der Betriebswirtschaftslehre. Bd. 3: Die Finanzen.
5. Aufl. Berlin, Heidelberg, New York: Springer 1972.
8 Dolezalek, C. M.: Quellen der Produktion (Klärung der Begriffe). Werkstatts-
technik 50 (1960) 244.
9 Kesselring, F.: Bewertung von Konstruktionen. Düsseldorf: Deutscher Ing.-
Verlag 1951.
Technische Formgebung. VDI-Ber. (1955).
Sieker, H. K., Rabe, K.: Fertigungs- und stoffgerechtes Gestalten in der Fein-
werktechnik. 2. Aufl. Berlin, Heidelberg, New York: Springer 1968.
10 Kloss, H.: Das Baukastensystem beim Planen und Erstellen von chemisch-
technischen Produktionsanlagen. Chem. Ind. Nr. 5 (1961).
Kienzle, O.: Normen und Konstruieren. Konstruktion 19 (1967) 121.

11 Kienzle, O.: Normungszahlen. Bd. 2 der Schriftenreihe „Wissenschaftl. Normung". Berlin, Göttingen, Heidelberg: Springer 1950.

12 Leinweber, P.: Toleranzen und Lehren. 5. Aufl. Berlin, Göttingen, Heidelberg: Springer 1948.

13 Malisius, R.: Praktische Maßnahmen gegen Schrumpfwirkung an Schweißkonstruktionen. Schweißen u. Schneiden Nr. 4 (1955).

14 Hentze, H.: Gestaltung von Gußstücken. Konstruktionsbücher Bd. 24. Berlin, Heidelberg, New York: Springer 1969.

15 Wolf, S.: Anforderung der verschiedensten Stellen eines Betriebes an den Stücklistenaufbau. IBM-Fachbibl. Form 78150 (1965).
Franke, W.: Vorbereitungsarbeiten für den Einsatz einer elektronischen Datenverarbeitungsanlage zur Fertigungssteuerung. REFA-Nachr. Nr. 1 (1966) 1.
Opitz, H.: Kostensenkung in Konstruktion und Fertigung durch Werkstücksystematik und Teilefamilienfertigung. Ind.-Anz. Nr. 5 (1963).
Opitz, H.: Werkstückbeschreibendes Klassifizierungssystem. 3 Teile mit Nachträgen. Essen: Girardet 1966/1968/1972.
DIN 6763: Nummerungstechnik.

16 Schütte, Sabass, v. Lintig, Schütz: Stoffwirtschaft und Arbeitsvorbereitung als Mittel der Planung und Lenkung. Stahl u. Eisen (1957) 1045.
Franke, W.: Einsatz der EDV zur Fertigungssteuerung bei Einzelfertigung. Steuerungstechnik Nr. 6 (1968) 230.

17 Franke, W.: Die Besonderheiten bei der Arbeit mit einer Datenverarbeitungsanlage. REFA-Nachr. Nr. 2 (1967) 57.

18 Heesch, H., Kienzle, O.: Flächenschluß. System der Formen lückenlos aneinanderschließender Flachteile. Bd. 6 der Schriftenreihe „Wissenschaftl. Normung". Berlin, Göttingen, Heidelberg: Springer 1963.

19 Hennig, K. W.: Betriebswirtschaftslehre der industriellen Erzeugung. 4. Aufl. Wiesbaden: Gabler 1963.
Gutenberg, E.: Grundlagen der Betriebswirtschaftslehre. Bd. 1: Die Produktion. 19. Aufl. Berlin, Heidelberg, New York: Springer 1972.

20 Pristl, F.: Fertigungstechnik, Systematisierung und Entwicklungsrichtung. Ind.-Bl. Nr. 8 (1962).
Ropohl, G.: Flexible Fertigungssysteme. Zur Automatisierung der Serienfertigung. Mainz: Krausskopf (1971).

21 Opitz, H.; Rohs, H.: Anpassung der Werkzeugmaschine an die Fertigungsaufgabe (lochkartenmäßige Erfassung der Fertigungsaufgabe). 9. Aachener Werkzeugmaschinen-Kolloquium 1958. Tagungsbericht. Essen: Girardet 1958.
Opitz, H.: Werkstücksystematik und Teilefamilien-Fertigung. Tagungsbericht 2, 1965, und Tagungsbericht 3, 1967. Essen: Girardet 1966/67.
Pollak, W.: Alle Möglichkeiten der Wiederholfertigung nutzen. REFA-Schrift. Berlin, Köln, Frankfurt: Beuth-Vertrieb.
Franke, W.: Arbeitsplanung und Fertigungssteuerung. REFA-Nachr. Nr. 3 (1966) 125.
REFA: Methodenlehre des Arbeitsstudiums. Teil 1: Grundlagen des Arbeitsstudiums. Abschnitt 3.4. 2. Aufl. München: Hanser 1972.

22 Kutzner: Fließbilder der chemischen Technik. Chem. Ind. Nr. 5 (1961) (Achema-Ausgabe).
Riech, K.: Verfahrenstechnische Aufgaben des Ingenieurs. VDI-Z. (1956) 1363.

23 Opitz, H., Rohs, H.: Statistische Untersuchungen über die Ausnutzung der Werkzeugmaschinen. Forschungsber. des Landes Nordrhein-Westfalen, Nr. 831. Köln: 1960.

24 REFA: Methodenlehre des Arbeitsstudiums. Teil 2: Datenermittlung. Abschnitt 1.2 und 1.3. 2. Aufl. München: Hanser 1972.

25 Grehn, W.: Werkzeugvoreinstellen und Werkzeug-Schnellwechsel. In „Automatisierung der Fertigung". Düsseldorf: VDI-Bildungswerk 1960.

26 Stump, D.: Neue Verfahren der umformenden Metallbearbeitung. Werkstatts-
technik 54 Nr. 1 (1964) 5.
Burghardt, A.: Umformen und Plattieren mit Sprengstoffen. VDI-Nachr.
Nr. 25 (1964).

27 Grönegress, H. W.: Brennhärten. Werkstattbücher Nr. 89. 3. Aufl. Berlin,
Göttingen, Heidelberg: Springer 1962.

28 Höhne, E.: Induktionshärten. Werkstattbücher Nr. 116, Berlin, Göttingen,
Heidelberg: Springer 1955.

29 Lohse, U., Allendorf, H.: Maschinenformerei. Werkstattbücher Nr. 66. 2. Aufl.
Berlin, Göttingen, Heidelberg: Springer 1950.
Knipp, E.: Neuerungen und Entwicklungsmöglichkeiten auf dem Gebiet der
Gießereimechanisierung. Die Gießerei (1952) 2.

30 Naumann, F.: Das Zementsand-Formverfahren. 3. Aufl. Berlin: Schiele &
Schön 1962.

31 Schumacher, W.: Das Kohlensäure-Erstarrungsverfahren in der Gießerei. Die
Gießerei (1953) 678.
Schneider, G.: Wirtschaftliche Kernherstellung in der Gießereitechnik. Ind.-
Anz. Nr. 58 (1962).

32 Formmasken-Verfahren nach Croning, ein neues deutsches Formverfahren. Die
Gießerei (1952) 467.
Stahlfeinstguß. Deutsche Edelstahl-Werke, Bochum.
Kemmer, M.: Gußstücke hoher Maßgenauigkeit. VDI-Nachr. (1964).

33 Heimann, W.: Das Wachsausschmelzverfahren in der Praxis. Die Gießerei
(1952) 6.
Kadlec, E.: Gießereimodelle. Werkstattbücher Br. 72. 3. Aufl. Berlin, Heidelberg, New York: Springer 1965.
Wittmoser, A.: Über das Vollformgießen mit vergasbaren Modellen. Die Gießerei (1963) 506.

34 Simon, W.: Die numerische Steuerung für Werkzeugmaschinen. 2. Aufl. Mün-
chen: Hanser 1971.
Mitthof, F.: Numerisch gesteuerte Fertigung. 2. Aufl. Mainz: Krausskopf 1973.
Franke, W., Gerstmair, A.: Die Einführung numerisch gesteuerter Werkzeug-
maschinen. REFA-Z. für Führungskräfte im Arbeitsstudium und Industrial
Engineering Nr. 1 (1969) 17.

35 Stubenrecht, A.: Magnetspeichertechnik zur Fertigungs-Steuerung und -Über-
wachung. Ind.-Anz. Nr. 33 (1961).
Programmieren numerisch gesteuerter Werkzeugmaschinen. Lochstreifen als
Informationsträger. VDI-Richtlinie 3259.

36 Die wirtschaftliche Apparatur. Chem. Ind. Nr. 5 (1961) (Achema-Ausgabe).
Messen und Regeln in der Chemischen Technik. Hrsg. J. Hengstenberg,
B. Sturm, O. Winkler. 2. Aufl. Berlin, Göttingen, Heidelberg: Springer 1964.

37 Werkstattbücher Nr. 22, 33, 35, 42, 51. Berlin, Heidelberg, New York: Sprin-
ger.
Schreyer, K.: Werkstückspanner (Vorrichtungen). 3. Aufl. Berlin, Heidelberg,
New York: Springer 1969.
Schreyer, K.: Werkzeugspanner (Werkzeughalter). Berlin, Göttingen, Heidel-
berg: Springer 1951.

38 Dolezalek, C. M.: Menschlicher Arbeitsaufwand beim Bedienen von Vorrichtungen. Maschinenbau Nr. 1/2 (1938) 7.

39 Sohrs, L.: Wirtschaftlichkeit von Sondervorrichtungen. Maschinenbau (1972)
105.
Wirtschaftlichkeit von Vorrichtungen. AWF-Veröff. Nr. 245. Berlin: 1931.
Wirtschaftlichkeit von Vorrichtungen. RKW-Schrift N 73. Berlin, Köln, Frankfurt: Beuth-Vertrieb.

40 Mäckbach, F., Kienzle, O.: Fließarbeit. Berlin: VDI-Verlag 1926.
Alms, E.: Schleppermontage auf Fertigungsplatten. VDI-Nachr. (1961).
Franke, W.: Die Steuerung der Einzelfertigung mit einer elektronischen Datenverarbeitungsanlage. REFA-Schrift. Berlin, Köln, Frankfurt: Beuth-Vertrieb
1969.
41 Graf, O.: Zur Frage der Arbeits- und Pausengestaltung bei Fließarbeit. 6 Mit-
teilungen. Arbeitsphysiologie 1940.
42 John-Diebold: Die automatische Fabrik. Nürnberg: Nest-Verlag 1954.
The impact of automation. Amer. Machinist. Special Rep. 451 (1957).
43 Schaafsma, A., Willemze, F.: Moderne Qualitätskontrolle. Philips Techn. Bibl.
1961.
Schlesinger, G.: Prüfbuch für Werkzeugmaschinen. 8. Aufl. Middelburg:
G. W. den Boer 1970.
44 Technische Statistik, Abnahme mit Stichproben. AWF-Schrift. Berlin, Köln,
Frankfurt: Beuth-Vertrieb 1959.
Technische Statistik. Kontrollkarten. AWF-Schrift. Werkstattstechnik 1953/54
(Sonderdruck).
Dutschke, W.: Qualitätsregelung in der Fertigung. Berlin, Göttingen, Heidel-
berg: Springer 1964.
45 Heinzelmann, W.: Anwendung neuartiger Meßgeräte in der Mengenfertigung.
7. Aachener Werkzeugmaschinen-Kolloquium 1954. Tagungsbericht. Essen:
Girardet 1954.
Mitthof, F.: Meßmaschinen für die rationelle Maßkontrolle. 7. Aachener Werk-
zeugmaschinen-Kolloquium 1954. Tagungsbericht. Essen: Girardet 1954.
Frank, H.: Meßsteuerung an Fertigungsmitteln. Maschine u. Manager Nr. 3
(1960).
46 Röper, C.: Palettenpool. Düsseldorf: VDI-Verlag 1960.
Fackelmeyer, A.: Materialfluß, Planung und Gestaltung. Düsseldorf: VDI-
Verlag 1966.
Fördermittel in der Fertigung. Merkbl. 341, Beratungsstelle für Stahlverwen-
dung, Düsseldorf 1964.
Hänsel, H.: Fördertechnik. Werkstattbücher Nr. 124, Berlin, Heidelberg,
New York: Springer 1970.
Franke, W.: Einsatz elektronischer Datenverarbeitung zur Steuerung der
Einzelfertigung. Fördern u. Heben Nr. 16 (1968) 927.

Sachverzeichnis

A-B-C-Analyse 28
Abkantungen 33
Absatzplan 2
Absatzwege 4
Absatzwert einer Produktion 28
Abstecharbeiten 35
Abstimmung einer Transferstraße 69
Analyse der Ablaufarten 48
Anlaufverluste 36
Arbeitsgestaltung 66
Arbeitsplan 32, 40
Arbeitstaktplanung 72
Arbeitsunterweisung 42
Arbeitszeiteinsparungen 37
Aufbaueinheiten 70
Auftragsabwicklungskosten 9
Aufwandsplan 2, 11
Ausgleichsprinzip 7
Automatisierung 79

Bandfertigung 75
Brennhärten 56

Chargenbetrieb 44

Deutscher Normenausschuß (DNA) 20
Durchführungsplan 2, 7

Einkaufsplan 2, 10
Einzelfertigung 66
Energietechnik 17

Fertigungsaufgabe 39
Fertigungstechnik 17, 38
Fertigungswandlung 42
Filmsortkarten 39
Finanzplan 2, 14
Fließarbeit 71
Fließarbeitskennzeichnung 69
Fördermittel 88
Freimaßtoleranzen 22

Gesamtwirtschaftsplan 1
Gestaltungsvorschriften 20
Gewindewalzen 54
Gewinn- und Verlustrechnung 15
Gleichlaufprinzip 7
Grundzeit (Hauptnutzung) 50
— (Nebennutzung) 59
Gruppen- und Endzusammenbau 69
Gruppenfertigungsstraße 40
Gütesicherung 80

Hundertprozentprüfung 81

Induktionshärten 56
industrielle Produktionstechnik 38
ISO-Normen 20
Investitionsplan 2, 11, 12

Kapazität 5
Konjunkturmaßnahmen 8
Kostenträger bei Fehlern 80

Lebenszyklus des Produktes 3
Linienfertigung 67

Marketing 3
Maschinelle Einrichtungen 46
Massenfertigung u. Fließarbeit 69
Materialdurchlaufzeit 37
Materialflußbogen 87
Materialverschnitt 33
Mehrfachmeißelhalter 51
Mehrspindelautomaten 52, 54
Mengenfließbilder 45
Mengen- und Güteprüfung 80

NC-Maschinen 46
Normung 18
Normzahlen 19
Nummernschlüssel für Werkzeug-
    maschinen 47

Nutzungsgrad 48
Nutzungsgrad von Anlagen 12

optimale Losgröße 10

Passungssysteme 20
Preisstellung 4
Produktionsforschung 3
Produktionsprogrammplan 2, 7
programmgesteuerte Maschinen
  60, 61
Prüfmittel 82
Prüfprobleme 79
Prüfung am Arbeitsplatz 81

Rentabilität 12
Rezeptur 44
Rüstgrundzeit (Nebennutzung) 48

Sachnummerung 25
Schlüsselblätter 30
Schockwellenbearbeitung 55
Schweißfolgepläne 44
Serienfertigung 66
Sortiment 5
Stichprobenprüfung 81
Stückliste für Konstruktion und Auf-
  gabe 25, 31
Stücklistenauflösung 36
Stufenprinzip 7

Taktstraßen 77
Teilefamilien 39
Transferstraße 70
Transportorganisation 85
Typenzahl 6, 18
Typisierung 19

Vereinheitlichung der Konstruktions-
  teile 18
Verfahrenstechnik 17, 38
Verkaufsplan 2, 3, 4
Vertriebsaufwandsplan 2, 6
Vorrichtungen 62

Werbeplan 3
Werkstoffe, Hilfs- u. Betriebsstoffe 26
Werkstoffkennzeichnung (Material-
  schlüssel) 29
Werkzeugeinrichtungen 49
Wiederholteile 19
wirtschaftliche Losgröße 9
wirtschaftlicher Maschineneinsatz 47
Wirtschaftlichkeit 13
— bei Vorrichtungen 65

Zeichnungssystem 24
Zentralprüfung 81
Zerspanungsleistung 51
Zuschlaggruppenschlüssel 47
Zuschnittpläne 33